Mejora y optimización de procesos de manufactura

Mejora y optimización de procesos de manufactura

Red de colaboración nacional e internacional

José Víctor Galaviz Rodríguez; Juan José Alfaro Saiz

Para realizar pedidos de este libro, contacte con:
Palibrio
1663 Liberty Drive
Suite 200
Bloomington, IN 47403
Gratis desde EE. UU. al 877.407.5847
Gratis desde México al 01.800.288.2243
Gratis desde España al 900.866.949
Desde otro país al +1.812.671.9757
Fax: 01.812.355.1576
ventas@palibrio.com
699298

ÍNDICE

DIRECTORIO DE AUTORIDADES

Ing. José Luis González Cuéllar
Rector
Universidad Tecnológica de Tlaxcala

Dr. Francisco J. Mora Más
Rector
Universitat Politècnica de Valencia

Dr. Raúl Poler Escoto
Director del Centro de Investigación Gestión e Ingeniería de Producción
Universidad Politècnica de Valencia

Mtro. Felipe Pascual Rosario Aguirre
Director General
Instituto Tecnológico de Apizaco

M.A. Enrique Ignacio Sosa Toxqui
Director General
Instituto Tecnológico Superior de la Sierra Norte de Puebla

C.P. Jorge Sánchez Jasso
Encargado de la Dirección de Administración y Finanzas
Universidad Tecnológica de Tlaxcala

M. en C. Ismael Nava Lumbreras
Secretario Académico
Universidad Tecnológica de Tlaxcala

Ing. Carlos Hernández Carrillo
Director de Carrera Procesos Industriales Área Manufactura,
Ingeniería en Mantenimiento Industrial
Universidad Tecnológica de Tlaxcala

Ing. Benjamín Hernández Torres
Director de Carrera Procesos Industriales Área Automotriz, Ingeniería
en Procesos y Operaciones Industriales
Universidad Tecnológica de Tlaxcala

CRÉDITOS

Universidad Tecnológica de Tlaxcala, Centro de Investigación en Gestión e Ingeniería de Producción (CIGIP), Universitat Politècnica de València, Instituto Tecnológica Superior de la Sierra Norte de Puebla, Instituto Tecnológico de Apizaco

CRÉDITO A LOS AUTORES PRINCIPALES DE LA OBRA

Dr. José Víctor Galaviz Rodríguez

Dr. Juan José Alfaro Saiz

CRÉDITOS A LOS AUTORES DE CADA CAPÍTULO

AUTORES	INSTITUCIÓN
Vicente Flores Lara	Instituto Tecnológico de Apizaco
Jorge Bedolla Hernández	Instituto Tecnológico de Apizaco
Marcos Bedolla Hernández	Instituto Tecnológico de Apizaco
Noemí González León	Instituto Tecnológica Superior de la Sierra Norte de Puebla
Sergio Hernández Corona	Instituto Tecnológica Superior de la Sierra Norte de Puebla
Rafael Garrido Rosado	Instituto Tecnológica Superior de la Sierra Norte de Puebla

Aranda Gracia	Centro de Investigación en Gestión e Ingeniería de Producción (CIGIP).
Raúl Valero	Centro de Investigación en Gestión e Ingeniería de Producción (CIGIP).
Andrés Boza	Centro de Investigación en Gestión e Ingeniería de Producción (CIGIP).
Ma. Luisa Espinosa Águila	Universidad Tecnológica de Tlaxcala
Adriana Montiel García	Universidad Tecnológica de Tlaxcala
Rebeca González Hernández	Universidad Tecnológica de Tlaxcala
José Víctor Sosa Hernández	Universidad Tecnológica de Tlaxcala
Romualdo Martínez Carmona	Universidad Tecnológica de Tlaxcala
Jonny Carmona Reyes	Universidad Politécnica de Tlaxcala

Corrección de Estilo

M.L.M.E.D Eloína Herrera Rodríguez

PRIMERA PARTE

Innovación

CALENTADORES DE AIRE CON ENERGÍA SOLAR

**Flores Lara Vicente, Bedolla Hernández Jorge,
Bedolla Hernández Marcos.**

Departamento de Metal Mecánica, Instituto Tecnológico de Apizaco,
Av. Tecnológico S/N, Apizaco Tlaxcala, MÉXICO
Teléfono: 01 241 4172010 ext. 108.

1.1 RESUMEN

Se evalúa la ganancia de energía térmica en dispositivos empleados para el calentamiento de aire por energía solar, para su estudio se construyeron tres modelos de calentadores de aire con configuraciones diferentes, de placas paralelas, de conductos cilíndricos y de placas paralelas con aletas. Se presentan los resultados experimentales del comportamiento térmico de los calentadores de aire con flujo forzado bajo las mismas condiciones climáticas y de operación, las velocidades de operación son de 0.5, 1 y 1.5 m/s equivalente a un flujo másico de 0.00729, 0.01458 y 0.02187 kg/s respectivamente. El calentador de aire de placas paralelas con aletas, supera en un 20% en eficiencia al modelo de calentador con ductos cilíndricos y en 36% al modelo de placas planas. Derivado del excelente comportamiento del calentador con aletas se amplía su estudio al ensayar el calentador con flujo natural, tratándose como un intercambiador de calor de placas paralelas con aletas rectangulares, bajo el efecto interno de la convección natural y los resultados también se presentan en este trabajo. Con flujo forzado se logran eficiencias térmicas entre

26 y 84%, con gradientes de temperatura de 20°C e irradiación solar promedio de 650 W/m^2. En el caso de operar con flujo natural las eficiencias térmicas resultan del 39.66%, con gradientes de temperatura de 32°C e irradiación de 600 W/m^2.

1.2 ABSTRACT

Gain thermal energy in devices used for heating air by solar energy is evaluated, for study three models of air heaters with different configurations were built, parallel plate, cylindrical ducts and parallel plate with fins. Experimental results of the thermal behavior of forced-air heaters under the same climatic conditions and operation flow are presented, operating speeds are 0.5, 1 and 1.5 m/s equivalent to a mass flow rate of 0.00729, 0.01458 and 0.02187 kg/s respectively, the parallel plate with fins heater exceeds 20% in efficiency to cylindrical ducts heater and 36% to the flat plate model. Derived from the excellent performance of the heater with fins their study were extending to test the heater with natural flow, treated as a heat exchanger with rectangular parallel plate fins, under the internal effect of natural convection and the results are also presented in this paper. Forced flow thermal efficiencies between 26 and 84%, with temperature gradients of 20 °C and average solar irradiance of 650 W/m2 are achieved. For use with natural flow of thermal efficiencies are 39.66%, with temperature gradients of 32 °C and irradiance of 600 W/m2.

1.3 INTRODUCCIÓN

La energía del sol es la fuente de energía más vieja empleada por el hombre. El Sol ha sido adorado por muchas civilizaciones y considerado la máxima deidad. El primer conocimiento práctico que se tenga registrado del uso de le energía solar es el secado de alimentos para su preservación la deshidratación la cual es una de las aplicaciones más antiguas de la energía solar.

Los secadores se han utilizado principalmente por la industria agrícola. El objetivo en el secado de un producto agrícola es reducir su contenido de humedad a un nivel que previene el deterioro dentro de un periodo de tiempo considerado como el periodo de almacenamiento seguro. El secado es un doble proceso, de transferencia de calor al producto desde una fuente de calor y la transferencia de masa de humedad, desde el interior del producto a su superficie y desde la superficie hasta el aire circundante. Por muchos siglos los agricultores han utilizado el secado a sol abierto. Sin embargo, recientemente, se ha utilizado la tecnología de los secadores o deshidratadores solares que son más eficaces y eficientes.

En el secado solar, la energía solar se utiliza ya sea como la única fuente de calentamiento o una fuente suplementaria, y el flujo de aire puede ser generado por uno u otro mecanismo, convección forzada o natural. El procedimiento de calentamiento puede implicar el paso del aire precalentado a través del producto o exponiendo directamente el producto a la radiación solar o una combinación de ambos. El requisito principal es la transferencia de calor al producto húmedo por convección y conducción desde la masa de aire que rodea al producto a temperaturas superiores a él. En las primeras aplicaciones, el producto se exponía directamente a la radiación solar, en donde la energía y las corrientes de aire atmosférico provocaban el secado. Actualmente, sea el mecanismo directo o indirecto, el aire atmosférico sigue siendo el agente principal en la deshidratación de alimentos para lo cual requiere un acondicionamiento térmico, en sitio si es el proceso directo o previo si es indirecto.

La mayor aplicación del proceso de deshidratación es para el tratamiento de productos agrícolas, principalmente tropicales, mango, piña, papaya, café, en donde las condiciones psicométricas del aire atmosférico fundamentalmente la humedad relativa, se encuentra cerca del estado de saturación 75-80% promedio anual, lo cual propicia la recuperación de humedad al retirarse el producto de la cámara de secado. De acuerdo a ello, en la región del altiplano se tiene mayor ventaja en el proceso de deshidratación con respecto a las regiones tropicales, siendo que el promedio anual de la humedad relativa es de 47% muy alejado de su estado de saturación.

Hoy en día, la generación de nuevo conocimiento y desarrollo tecnológico han permitido llevar a cabo diversos estudios a calentadores de aire por energía solar, en su mayoría están dirigidos a aquellos con configuración de placas planas y ductos cilíndricos, se han estudiado con cubierta trasparente y sin ella, con aislamiento térmico. Los primeros, en su estudio proponen las bases teóricas para la optimización termodinámica de los colectores solares para calentamiento de aire a través de placas paralelas; el segundo, con base en los estudios, se establece una metodología para determinar los parámetros óptimos de operación para colectores solares de placas planas, mostrando la influencia de las condiciones meteorológicas y su área de captación.

Existen otros trabajos que se conducen a la mejoría en la transferencia de calor y, en consecuencia, al aumento de la eficiencia térmica. El comportamiento térmico de calentadores de aire con superficie rugosa, dando origen a pequeñas aletas, con el propósito de lograr el aumento en la transferencia de calor y así la eficiencia térmica, trabajó con flujos másicos de 0.0262 a 0.0881 kg/s-m^2, logrando eficiencias entre 43 y 59%. El efecto de barreras al paso del flujo, estas guían al flujo a pasar por el absorbedor, haciendo también la función de aletas, el calentador de aire es de paso múltiple y en cada paso existe una barrera, se experimenta con flujos entre 0.0121 y 0.042 kg/s, resultando que las barreras mejoran la eficiencia térmica del sistema hasta el 86%. En este contexto se ha evaluado que los procesos de secado en deshidratadores solares dependen en gran medida de las condiciones climáticas locales. La factibilidad para integrar unidades de almacenamiento de calor latente, con el propósito de almacenar el exceso de energía y así tener mayor control en los procesos, sin embargo; su propuesta tiene un mayor alcance, ya que su sistema propuesto puede operar con mayores flujos másicos, $\dot{m}$ = 0.055 a 0.11 kg/s, sin sacrificar significativamente sus eficiencias térmicas, η = 62%. En este contexto este capítulo incluye, además del fundamento teórico de la ganancia de calor por el aire a través del calentador, como su evaluación térmica con base en la eficiencia; se presentan los resultados del estudio experimental del comportamiento térmico de diferentes configuraciones de calentadores de aire, de placas paralelas, de conductos cilíndricos y el de placas paralelas con aletas bajo condiciones de flujo forzado. Se concluye que el mejor comportamiento se presenta en el calentador de aire de placas paralelas con aletas, tipo canal o cavidad rectangular, las aletas distribuidas de forma alternada al paso del flujo propician, mayor tiempo de transferencia de calor e inercia térmica por el número de aletas.

A continuación, se estudia al calentador de placas paralelas con aletas con dimensiones mayores al anterior, se experimenta con flujo natural con diferentes niveles de radiación solar evaluando su comportamiento térmico con base en su eficiencia térmica.

1.4 Desarrollo

1.4.1 Flujo natural

En la evaluación de la transferencia de calor a través de calentadores de aire, evaluados como placas paralelas con flujo natural la diferencia de temperaturas entre la pared caliente y fría juega un papel fundamental en el comportamiento térmico, ya que puede presentar inestabilidad donde la transferencia sea puramente de conducción, no obstante el parámetro que nos advierte la presencia del fenómeno convectivo es el número de Rayleigh (Ra_L; Ec. 1.

$$Ra_L = \frac{g\beta(T_H - T_C)L^3}{\nu\alpha} = 1708 \tag{1}$$

Valor a partir del cual bajo el fenómeno de la convección natural aparecen celdas de convección. Con base en el número de Rayleigh, se han presentado diferentes patrones de flujo cada vez más complejos hasta que finalmente, el flujo en el centro se vuelve turbulento. Estos cambios en el patrón de flujo debido a cambios en el número de Rayleigh son característicos de la convección natural interna en recintos de cualquier geometría.

Otro parámetro de importancia en el desempeño térmico de calentadores de placas paralelas, es la relación de aspecto, restricción expresada por la relación entre la longitud de la cavidad y su espesor L/E, figura 1. Muchos autores han hecho propuestas de correlaciones para determinar el número de Nusselt para flujos internos a través de cavidades dispuestas de forma inclinada, vertical y horizontal con la restricción del número de Prandtl, Rayleigh y la relación de aspecto. Para una cavidad rectangular vertical, propone la correlación de la ecuación 2, para relaciones de aspecto L/E entre 2 y 10, $Ra \geq 10^3$ y $Pr < 10^5$.

$$\bar{N}_u = 0.022 \left(\frac{Pr}{0.2 + Pr} Ra\right)^{0.28} \left(\frac{L}{E}\right)^{-1/4} \tag{2}$$

Para cavidades dispuestas de forma horizontal proponen una correlación para $3x10^5 < Ra < 7x10^9$. Ec. 3.

$$\bar{N}_u = 0.069 Ra^{1/3} Pr^{0.074} \tag{3}$$

En el caso de cavidades inclinadas con flujo interno de aire, a partir de estudios experimentales proponen la correlación de la Ecuación 4, que involucra el número de Rayleigh $0 < Ra < 10^5$, el numero de Nusselt, la relación de aspecto L/E>10, para ángulos de inclinación $0° \le \theta \le 60°$.

$$\overline{Nu}_L = 1 + 1.44\left[1 - \frac{1708}{Ra_L \cos\theta}\right]\left\{1 - \frac{1708(sen\ 1.8\theta)^{1.6}}{Ra_L \cos\theta}\right\} + \left[\left(\frac{Ra_L \cos\theta}{5830}\right)^{1/3} - 1\right] \tag{4}$$

Ecuación que incluye el límite de estabilidad $Ra_L = 1708$.

Nota: Los términos de los corchetes deben hacerse igual a cero si son negativos.

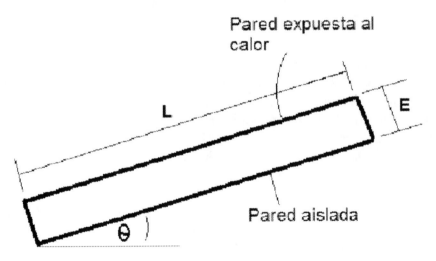

Figura 1. Esquema de una cavidad inclinada con alta relación de aspecto

1.4.2 Flujo forzado

En el estudio de los calentadores solares de aire es necesario conocer el coeficiente de transferencia de calor por convección para un flujo forzado a través de cavidades rectangulares, por lo que en este apartado se busca establecer la correlación de Nusselt, parámetro del cual depende el coeficiente convectivo h.

$$h = \frac{N_u k}{D_h} \qquad (5)$$

$$D_h = \frac{4(A_c)}{P}$$

Siendo:

k : conductividad térmica del fluido [W/m K]

D_h : diámetro hidráulico [m]

A_c : área de la sección transversal del flujo [m^2]

P : perímetro mojado [m]

Para cumplir lo anterior se considera un flujo interno a través de placas paralelas, donde una de ellas esta expuesta a una fuente de calor y la otra aislada. Con base en los datos de un flujo de aire turbulento totalmente desarrollado se deriva la siguiente correlación, Ec. 6.

$$Nu = 0.0158\, R_e^{0.8} \qquad (6)$$

Ecuación en la que la longitud característica en el número de Reynolds Re, es el diámetro hidráulico D_h.

Para casos donde la relación L/D_h es 10, Kays and Crawford indican que el número de Nusselt promedio es aproximadamente 16% más grande que el que resulta con la ecuación 5. Con $L/D_h = 30$, aún es 5% mayor que el obtenido mediante la ecuación 5.

Han estudiado de forma experimental el flujo de aire entre placas paralelas, con relaciones de aspecto pequeños para su aplicación en calentadores solares de aire. Sus resultados muestran un coeficiente de transferencia de calor 10% mayor que el propuesto por Kays and Crawford con relación de aspecto infinito.

Para el caso de placas paralelas, con temperatura constante en una placa y aislada la otra, obtuvieron el número de Nusselt promedio, integrando en la correlación que presenta la ecuación 7.

$$\overline{Nu} = 4.9 + \frac{0.0606(Re\ Pr\ Dh/L)^{1.2}}{1+0.0909(Re\ Pr\ Dh/L)^{0.7}Pr^{0.17}}$$ (7)

Ecuación empleada para el caso de estudio en este capítulo.

1.4.3 Temperatura del calentador de aire

La temperatura que entrega el calentador del aire es de mucha importancia, ya que de ella depende la calidad del producto, aún es más importante si los productos son de origen agrícola, por el hecho de ser necesario mantener sus nutrientes, vitaminas, color y sabor. La temperatura más baja de secado es de 30°C, aunque alrededor de esta temperatura el secado es muy suave y se corre el riesgo del deterioro del producto. Para un secador directo el rango de temperaturas es de 40°C a 70°C y en algunos casos especiales supera los 80°C. Cuando la temperatura entregada por el calentador supera la necesaria por la alta intensidad de la radiación solar, se regula la temperatura mezclando el aire caliente con la cantidad necesaria de aire fresco. Para un secador indirecto destinado al tratamiento de productos agrícolas se tienen excelentes resultados con temperaturas del aire a 60°C.

1.5 Construcción de los calentadores de aire

Para el caso de estudio comparativo entre los modelos de calentadores que a continuación se describen, su construcción se realizó considerando tener la misma área de captación y absorción. Los materiales de construcción son iguales, con el propósito de mantener las mismas propiedades térmicas y ópticas.

1.6 Pruebas experimentales

En las pruebas experimentales se emplearon termopares tipo k, anemómetro, termohigrómetro y solarimetro. Siendo las variables a medir, temperatura del aire de entrada y salida del canal, temperatura de la cubierta transparente y absorbedora, velocidad del aire a través del canal, irradiación solar, temperatura ambiente y humedad relativa. Todas las pruebas se realizan en un periodo de 4 horas, a partir de 11:00 am hasta 3:00 pm en condiciones climáticas promedio de radiación solar de 650W/m², Temperatura ambiente de 24.7°C, velocidad del viento 1.2 m/s y humedad relativa de 34.4%. Los calentadores de aire se colocaron con orientación norte-sur, con inclinación de 20°, próximo a la latitud del lugar (18°32′) con la finalidad de lograr la incidencia de los rayos solares lo más directo posible sobre la superficie absorbedora y así, lograr mayor calentamiento del aire durante el año. La lectura de los datos fue en tiempo real para los tres modelos en prueba. La velocidad del aire a través de los calentadores fue la variable en consideración para analizar el comportamiento de los dispositivos; por lo tanto, se experimentaron los equipos a velocidades de 1.5, 1 y 0.5m/s, valores que fueron establecidos a partir de pruebas experimentales previas, para lograr una temperatura del aire a la salida entre 50°C y 60°C, temperatura optima para la deshidratación. En la figura 2 se muestra la disposición de los instrumentos necesarios para experimentar los calentadores de aire.

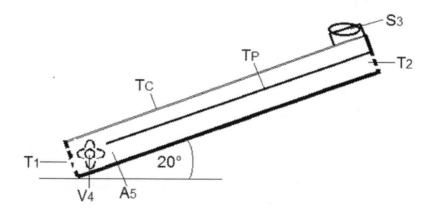

Figura 2. Ubicación de los instrumentos de
medición, en el calentador de aire

Siendo:

T_1: Termopar para medición temperatura del aire en la entrada

T_2: Termopar para medición temperatura del aire en la salida

T_C: Termopar para medición temperatura de la cubierta transparente

T_P: Termopar para medición de temperatura de la placa absorbedora

S_3: Solarímetro, medición de la radiación solar

V_4: Ventilador, induce el aire a través del calentador

A_5: Anemómetro, medición de la velocidad del viento.

1.7 RESULTADOS

1.7.1 Comportamiento térmico

Las gráficas de la figura 3 representan los gradientes de temperatura entre la entrada y la salida del aire en los tres modelos de calentadores para una velocidad de 1.5 m/s, el mejor resultado lo presenta el calentador que consiste en un conducto rectangular con aletas, modelo 3, logrando una diferencia de temperaturas promedio de 18.86°C, mostrando algunas inestabilidades que se asocian a las aletas en el conducto; para el modelo 1 y 2 la diferencia obtenida es de 8.27 y 7.57°C respectivamente. Si la temperatura de entrada a los calentadores fuera semejante a la temperatura ambiente promedio de 22°C, ningún modelo operando con flujo de aire a 1.5 m/s proporcionaría la temperatura necesaria para el proceso de deshidratación, siendo esta entre 50°C y 60°C. Cuando se experimenta con velocidad de 1 m/s, figura 4, el modelo 3 mantiene la mayor diferencia de temperaturas 19.86°C, con respecto a los otros modelos 16.8 y 7.25°C respectivamente, sin embargo aun mantiene las inestabilidades como se observa en la gráfica de la figura 4, el modelo de conductos cilíndricos mejora su comportamiento para esta velocidad, aumentando al doble el gradiente de temperatura, que se obtuvo con velocidad de 1.5 m/s. Estos resultados aun no cumplen con los requisitos de temperatura para el proceso de deshidratación. En el experimento con velocidad de 0.5 m/s, los tres modelos mejoran su comportamiento, ver figura 5, el calentador de placas paralelas logra un gradiente promedio de 9.8°C, el de conductos cilíndricos reduce el gradiente a 14.65°C promedio, lo cual supone que su mejor comportamiento se encuentra entre velocidades de 0.5 a 1 m/s. El modelo 3, continúa siendo el mejor, ahora con un gradiente promedio de 30.64°C, que con respecto a la temperatura de entrada de 22°C, equivale a tener una temperatura a la salida del calentador de 53 °C, en el rango necesario para el proceso de deshidratación.

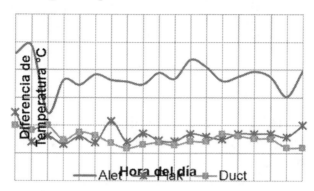

Figura 3. Gradiente de temperatura alcanzado por los tres modelos con flujo masivo de 0.02187 Kg/s (1.5m/s)

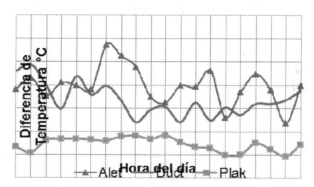

Figura 4. Gradiente de temperatura alcanzado por los tres modelos con flujo masivo de 0.01458 Kg/s (1 m/s)

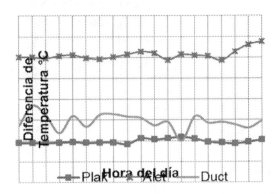

Figura 5. Gradiente de temperatura alcanzado por los tres
modelos con flujo masivo de 0.00729 Kg/s (0.5 m/s)

Para visualizar mejor el comportamiento del calentador con aletas con
diferente flujo másico, se genera las gráficas de la figura 6, el mayor
gradiente de temperatura logrado, es de 30.6°C, que corresponde
valor del flujo másico de 0.00729 kg/s, mientras que los gradientes
de temperatura que corresponden a los flujos másicos de 0.01458
y de 0.02187 kg/s, son de 19.86 °C y 18.86 °C respectivamente.
Sin embargo los gradientes térmicos no reflejan completamente el
comportamiento de los equipos, para lo cual se generan curvas de
eficiencia térmica para cada modelo de calentador.

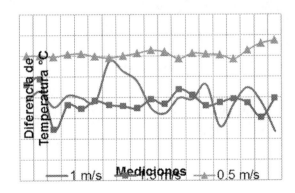

Figura 6. Gradiente de temperatura para el calentador de aire con aletas

1.7.2 Comportamiento térmico de los calentadores de aire basado en su eficiencia

Durante la operación de los calentadores el viento está en calma, por lo que el comportamiento térmico se basa en la temperatura de entrada y salida y se tiene una gran dependencia con el valor del flujo másico, lo cual se muestra en las figuras 8 a 10; donde para cada flujo másico resulta una curva de eficiencia.

La eficiencia térmica del calentador de placa plana como los que aquí se estudian se determina usando Ec. (8).

$$\eta = F_R(\tau\alpha) - F_R U_L \frac{T_e - T_a}{G} \tag{8}$$

O de la siguiente relación, Ec. (9).

$$\eta_t = \frac{\dot{m}\, C_p\, (T_S - T_e)}{G} \tag{9}$$

Se Considera que la temperatura de entrada al calentador de aire sea igual a la temperatura ambiente. Sin embargo las condiciones en las que se realizaron las pruebas experimentales, el albedo provoca una diferencia de temperatura entre la temperatura de entrada y la del ambiente hasta de 7°C, por lo que las ecuaciones anteriores no se alteran. Con base en la ecuación 8, se generan las curvas de la eficiencia instantánea para cada flujo másico a través de los tres modelos de calentadores solares.

El producto transmitancia absortancia ($\tau\alpha$), corresponde al producto de las propiedades ópticas de la cubierta transparente y de la superficie absorbedora en el calentador. El coeficiente de pérdidas de calor (U_L) y el factor de remoción de calor (F_R) se determinan usando las siguientes ecuaciones.

$$Q_U = G(\tau\alpha) - U_L(T_p - T_a) \tag{10}$$

$$U_L = \frac{Q_u - G(\tau\alpha)}{T_a - T_p} \tag{11}$$

$$Q_u = F_R[G(\tau\alpha) - U_L(T_e - Ta)] \tag{12}$$

$$F_R = \frac{Q_u}{G(\tau\alpha) - U_L(T_e - T_a)}$$
(13)

Siendo:

G: radiación solar promedio durante el día [W/m^2]

Q_u: calor útil [W/m^2]

T_a: temperatura ambiente [K]

T_p: temperatura de la placa absorbedora [K]

T_e: Temperatura del aire de entrada al calentador (K)

T_s: temperatura del aire de salida del calentador (K)

En las figuras 7 a 9 se presentan las gráficas de las eficiencias térmicas instantáneas para cada modelo de calentador, en ellas se verifica su capacidad de operación, con base en su configuración geométrica de cada calentador y del flujo másico de trabajo. Así que, para el modelo de placas paralelas, las eficiencias oscilan entre 11 y 46%, la inferior para un flujo de 0.00729 kg/s y la mayor para el flujo de 0.02187 kg/s, figura 7. En el modelo de conductos cilíndricos las eficiencias se encuentran entre 19.5 y 56.5%, la máxima para un flujo másico de 0.01458 kg/s y la mínima corresponde a un flujo de 0.00729 kg/s, con el flujo de 0.02187 kg/s la eficiencia corresponde a 37%, figura 8. Para este modelo de calentador no se presenta la relación mayor flujo másico mayor eficiencia, como en los otros modelos, la sección transversal circular influye en la formación de diferentes patrones de flujo e influye en la eficiencia del modelo, para el flujo másico de 0.01458 kg/s el número de Reynolds corresponde a Re = 3701.59 acercándose a laminar; mientras que para 0.02187 kg/s, el número de Reynolds es, Re = 6200, más hacia turbulento. Sin embargo, los mejores resultados corresponden al calentador de aire de placas paralelas con aletas, figura 9, en el que se obtiene la máxima eficiencia del 90%, para un flujo másico de 0.02187 kg/s y la mínima eficiencia del 42% para el flujo 0.00729 kg/s.

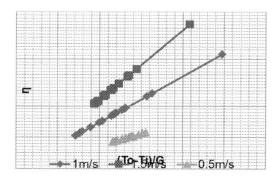

Figura 7. Eficiencia instantánea del calentador de placas paralelas

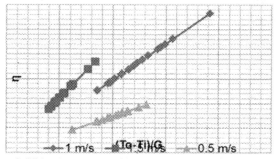

Figura 8. Eficiencia instantánea del calentador de tubos cilíndricos

Figura 8. Eficiencia instantánea del calentador de tubos cilíndricos

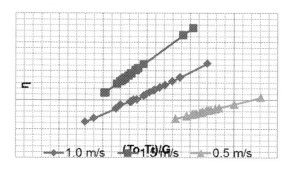

Figura 9. Eficiencia instantánea del calentador
de placas paralelas con aletas

En este apartado se estudio de forma experimental con tres modelos diferentes de calentadores de aire mediante energía solar, el modelo de placas planas, el modelo de conductos cilíndricos y el de placas planas con aletas, la variante además de su configuración geométrica, fue el flujo másico a través del conducto del calentador, siendo de 0.00729, 0.01458 y 0.02187 kg/s respectivamente, los resultados obtenidos muestran para todos los casos que la mayor ganancia de energía se obtiene con el calentador de conducto rectangular con aletas y que este mismo presenta su mejor comportamiento con una velocidad de flujo de 1.5 m/s, equivalente al flujo másico de 0.02187 kg/s. Resultados que confirman lo anterior son el valor de las eficiencias instantáneas para cada modelo y resulto que el modelo de placas paralelas con aletas, alcanza valores de eficiencias térmicas entre 42 y 90%. Lo anterior concuerda con los resultados de diferentes referencias que presentan la relación de flujo másico con eficiencia térmica.

El calentador de conductos cilíndricos también presenta un comportamiento favorable con base en la carga térmica entregada. Para una determinada carga térmica, los calentadores de placas paralelas y el de conductos cilíndricos demandaran mayor área de captación, con respecto al modelo con aletas. Es decir, 2.7 veces mayor área para el de placas y 1.12 mayor área para el de conductos cilíndricos. No obstante los resultados antes presentados, el calentador de placas planas y el de conductos cilíndricos son los de mayor aplicación reportada. En el caso del calentador de placas planas, considerando el mínimo gradiente de temperatura de 7.25°C, con el área de captación del calentador ensayado de 0.14 m^2 y velocidad del aire de 1.2 m/s, y con una irradiación solar promedio de 607 W/m^2, tiene la capacidad de entregar 933.8 W/m^2, en las mismas condiciones de operación, para el calentador de conductos cilíndricos entrega 2245 W/m^2 y para el de conducto con aletas, 2527.27 W/m^2.

1.7.3 Calentador solar de aire con aletas rectangulares

El calentador solar de aire se construyó como un canal de sección transversal rectangular de lámina galvanizada zintro de 0.0 45 m x 1.10 m, con 350 aletas rectangulares en el interior del canal y distribuidas de forma alternada. Cada aleta tiene una dimensión de 0.040 m x0.035 m construidas del mismo material que el canal, la separación entre una y otra es de 0.055 m en dirección longitudinal y 0.04 m en dirección transversal. La superficie exterior hace la función de absorbedor, mediante el depósito de pintura negra mate con absortancia del 93%. Como cubierta transparente se emplea una lámina de policarbonato celular con transmitancia del 84%. Los elementos anteriores se colocan en un gabinete de lámina galvanizada y lana mineral de 0.05 m de espesor como aislante térmico, la configuración de los elementos constructivos. Finalmente resulta un calentador de aire con área de captación 2.4 m^2 (2 m de longitud, 1.2 m de ancho). Antes de la propuesta final del calentador con aletas rectangulares, se hizo un estudio comparativo con respecto a dos configuraciones diferentes de calentadores, el primero consiste en un conducto formado por dos placas paralelas, una de lamina galvanizada con recubrimiento en negro mate que además hace la función de absorbedor y la otra de lamina de policarbonato transparente, ambas se colocan en un gabinete con paredes aisladas térmicamente con lana mineral. En el segundo, el conducto se hace con tubos de aluminio, en la superficie exterior se aplica el recubrimiento en negro mate, para hacer la función de absorbedor, se coloca dentro del gabinete con paredes aisladas y finalmente una cubierta transparente de lamina de policarbonato.

1.7.4 Pruebas experimentales

En las pruebas experimentales se emplearon termopares tipo k, anemómetro, termohigrómetro y solarimetro, siendo las variables a medir, temperatura del aire de entrada y salida del calentador, temperatura de la cubierta transparente y absorbedora, ambas en diferentes puntos, la irradiación solar, temperatura ambiente y humedad relativa. Todas las pruebas se realizan en un periodo de 4 horas, a partir de 11:00 am en condiciones climáticas promedio de radiación solar de 625 W/m^2, Temperatura ambiente de 22.7°C, velocidad del viento 1.2 m/s y humedad relativa de 25%. El calentador de aire se instaló con orientación norte-sur, inclinación de 18°, equivalente a la latitud del lugar. La lectura de los datos fue en tiempo real. En convección forzada el calentador trabaja con flujos másicos de 0.00729, 0.01458 y 0.02187 kg/s, adicionalmente trabajó con flujo natural. Una vista de la instrumentación del calentador se muestra en la figura 10. Las primeras pruebas se realizaron ensayando el calentador de aire con flujo forzado empleando un ventilador de 1/8 de hp de potencia, controlado con un potenciómetro para tener la variante de la velocidad del aire a través del calentador, siendo las velocidades de ensayo de 0.5, 1, y 1.5 m/s. A continuación los experimentos se realizaron con flujo natural, por diferencia de densidades derivado del calentamiento del aire.

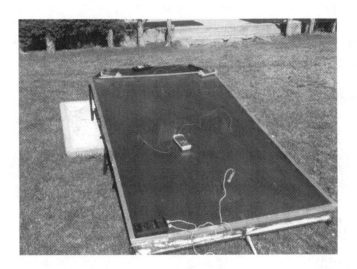

Figura 10. Vista del calentador de aire durante las pruebas experimentales

1.8 DISCUSIÓN

1.8.1 Flujo Forzado

Los primeros resultados pertenecen al estudio comparativo entre tres configuraciones de calentadores solares de aire, siendo el de placas paralelas, el de conductos cilíndricos y el de placas paralelas con aletas. El área de captación solar, los materiales de transferencia de calor y las condiciones de operación son semejantes. Para las graficas que se presentan la figura 11 los flujos másicos oscilan entre 0.00729 y 0.01458 kg/s, corresponden a gradientes térmicos entre la temperatura del aire a la entra y a la salida del calentador. Es notable que el calentador con aletas supera a las otras configuraciones logrando gradientes promedio $\Delta T = 30°$, para el de ductos cilíndricos $\Delta T = 15°$ y para el de placas $\Delta T = 9.85°C$. Para un flujo másico mayor, equivalente a 0.02187 kg/s se logran menores gradientes de temperatura, sin embargo se repite el mejor comportamiento para el calentador con aletas y es semejante entre los otros dos modelos de calentadores de aire, ver Fig. 12.

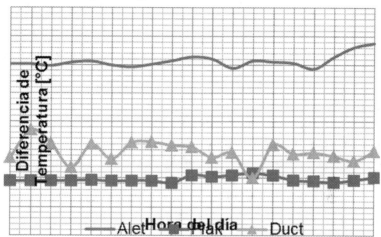

Figura 11. Gradientes de temperatura en tres modelos
de calentadores m=0.00729 - 0.01458 Kg/s.

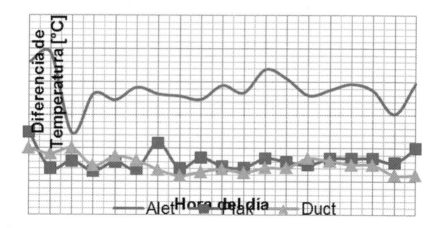

Figura 12. Gradientes de temperatura en tres
modelos de calentadores m= 0.02187 kg/s

1.8.2 Flujo Natural

Para este caso, el flujo de aire a través del calentador está en función de la temperatura del aire que se logre por el mismo calentador, siendo fundamental los gradientes de temperatura. Para la evaluación térmica del equipo la temperatura de entrada se toma equivalente a la del ambiente.

Un resultado representativo del comportamiento del calentador con flujo natural con base en tres días de pruebas, se muestra en Figs. (13) y (14). En esta última se hace el comparativo entre la temperatura del aire en la entrada y las de salida, con respecto a la irradiación solar que incide sobre la superficie inclinada. A partir de estos datos, de las propiedades del fluido y de las correlaciones para convección natural, se determina la cantidad de energía que se transfiere al aire al pasar a través de las placas con aletas, las pérdidas de calor a los alrededores, el calor útil y la eficiencia térmica, tomando en consideración las ecuaciones siguientes; las gobiernan el fenómeno físico.

Para flujos internos entre placas con ángulo de inclinación θ con respecto a la horizontal, con relación entre longitud (L) y espesor (E) L/E > 10; el número de Nusselt se obtiene con Ec. (4)

Para el análisis térmico de la aleta rectangular se emplean Ecs. (14) y (15).

$$\eta_f = \frac{1}{\beta L} \tanh \beta L \qquad (14)$$

$$\beta^2 = \frac{hP}{k\,A_c} \qquad (15)$$

Siendo:

A_c: área de la sección transversal de la aleta $[m^2]$

k : conductividad térmica [W/mK]

p : perímetro de sección transversal de la aleta [m]

h : coeficiente de transferencia de calor por convección $[W/m^2K]$

L : longitud de la aleta [m]

η_f : eficiencia instantánea de la aleta

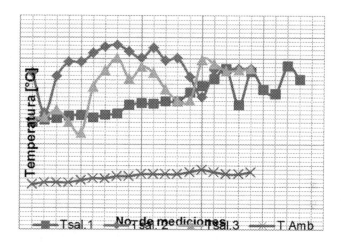

Figura 13. Temperaturas de aire en la salida del
calentador para diferentes días de prueba

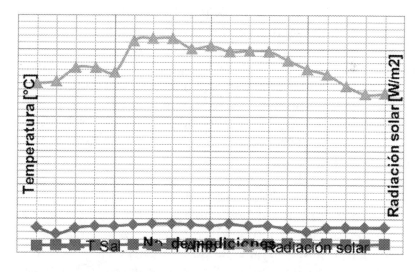

Figura 14. Comportamiento del calentador de aire con
base en la temperatura promedio en la salida

En la tabla 1 se muestra un resumen de los parámetros considerados en la evaluación de la eficiencia térmica.

Tabla 1. Resumen de parámetros para evaluar la
eficiencia térmica del calentador de aire

Nusselt entre placas	3.927	Calor ganado por el aire al pasar entre las placas con aletas	249.278 W
Coeficiente de convección entre placas	2.254 W/m² K	Pérdidas de calor desde el calentador a los alrededores	130.426 W
Nusselt en aletas	9.218	Coeficiente de remoción de calor del calentador de aire	0.262
Coeficiente de convección provocado por las aletas	6.55 W/m² K	Eficiencia térmica	39.66%

Fuente: Elaboración propia, 2014.

1.9 CONCLUSIONES

El calentador de aire con aletas rectangulares se experimentó con flujo forzado y natural, en el primero caso se trabajó con flujos de 0.00729, 0.01458 y 0.02187 kg/s, equivalente a velocidades de aire promedio a través del canal de 0.5, 1.0 y 1.5 m/s, logrando mejor comportamiento con el mayor flujo másico. También fue bajo estas condiciones que se comparó con dos modelos diferentes de calentadores de aire, el de placas paralelas y el de ductos cilíndricos, superando a estos modelos hasta en 50% su desempeño térmico, con base a los gradientes térmicos alcanzados con cada calentador.

El estudio muestra que las aletas tienen una influencia significativa en el desempeño térmico del calentador, en primer lugar porque son elementos que eficientar la transferencia de calor y en segundo lugar, porque frenan al aire aumentando su permanencia a través del canal y por lo tanto se mejora la transferencia de calor. Adicionalmente el flujo másico es el parámetro con mayor representación en el valor de la eficiencia térmica, para el flujo másico de 0.01458 kg/s se logra un gradiente de 38.74°C con ello se tiene una viscosidad cinemática de 1.756×10^{-5} m²/s, se obtiene un número de Reynolds de 3701.59

y por lo tanto un número de Nusselt de Nu = 14.198, sin embargo cuando el flujo másico es de 0.02187 kg/s, el gradiente térmico es de 29.26°C, la viscosidad cinemática de $1.59x10^{-5}$ m^2/s, resultando el número de Reynolds de Re = 6132.07 y el número de Nusselt de Nu = 21.249. A menor flujo másico mayor gradiente térmico y menor eficiencia térmica y a mayor flujo másico, menor gradiente térmico y mayor eficiencia térmica. Lo anterior se corrobora con los resultados obtenidos al operar con flujo natural, que aunque se logran temperaturas de salida promedio a 60°C y en los mejores casos arriba de 80°C, así como gradientes máximos de 55°C entre la temperatura de salida y entrada del aire, su eficiencia térmica solo alcanza el 39.66%; por lo tanto para aprovechar la capacidad térmica del equipo es recomendable trabajar con flujos forzados.

1.9.1 Recomendaciones prácticas para el uso de calentadores solares de aire de placa plana

En la selección de los materiales, su construcción y configuración, debe brindarse atención especial, con el propósito de tener un bajo coeficiente global de perdidas U_L. La hermeticidad del colector reduce las fugas de aire caliente y aumenta el rendimiento. Además, el diseño mecánico del colector puede afectar a su rendimiento, por ejemplo, la penetración de agua o humedad en el colector, que se condensará en la parte inferior de la cubierta transparente, lo que reduce significativamente sus propiedades ópticas. Al operar en flujo forzado debe tenerse en consideración que ha menor flujo másico, menor será el factor de remoción de calor (F_R) y por lo tanto menor será la eficiencia térmica. El flujo másico es el factor más importante en el comportamiento del calentador.

Para el diseño de calentadores solares de aire para la mayoría de los productos a secar debe tenerse en consideración lograr una diferencia de temperaturas de alrededor de 40°C. Los problemas relacionados por el efecto del polvo recogido en la cubierta de vidrio del colector en un entorno urbano parecen tener un efecto insignificante, ya que las precipitaciones pluviales ocasionales ayudan a limpiar la superficie. Aunque algunos autores sugieren que por efecto del polvo, la radiación absorbida por la placa colectora se reduce a un 1% y en regiones polvorientas en un 2%.

La degradación de los materiales de la cubierta, puede afectar a la transmitancia y afectar seriamente el rendimiento a largo plazo del calentador. Esto es más importante en calentadores de aire con cubierta de plástico. Lo mismo se aplica para el recubrimiento absorbente de la placa de absorción. La instalación de calentadores se relaciona con tres elementos: el transporte, la manipulación del calentador y la instalación de los soportes. Ya que la orientación del calentador se restringe muchas veces para tener el mayor aprovechamiento de energía solar durante el año, en la instalación debe considerarse la fuerza del viento al seleccionar los soportes. La atención a estos factores puede garantizar muchos años de funcionamiento sin problemas significativos en los calentadores que satisfacen la demanda de aire caliente.

SEGURO DE REMOLQUES

[1]González León Noemí, [2]Hernández Corona Sergio, [2]Garrido Rosado Rafael.

[1]División de Licenciatura en Informática, Instituto Tecnológica Superior de la Sierra Norte de Puebla,

Avenida José Luis Martínez Vázquez Número 2000, Jicolapa, Zacatlán, Puebla; MÉXICO

Teléfono: 01 797 97 51694 ext. 126, noemiglag@hotmail.com

[2]División de Ingeniaría Industrial, Instituto Tecnológica Superior de la Sierra Norte de Puebla,

Avenida José Luis Martínez Vázquez Número 2000, Jicolapa, Zacatlán, Puebla; MÉXICO

Teléfono: 01 797 97 51694 ext. 126, noemiglag@hotmail.com

2.1 RESUMEN

La función principal del Sistema de Remolques es el frenado de las llantas de vehículos de transporte de carga pesada; uno de los componentes indispensable para el sistema de la presente investigación es la compresora, encargada de administrar el aire para llenar las tortugas y frenar las llantas junto con el sistema de balatas, el Sistema de Remolques se ha probado a nivel de prototipo, cuenta con una válvula de dos vías una para la entrada y la otra para la salida de aire a las tortugas, según sea el caso el conductor, administrador, dueño del vehículo o de la carga es el responsable de activar el seguro para el control de la válvula cuando lo considere necesario o pertinente, se ha programado una interfaz para dispositivos móviles con conexión inalámbrica hasta de 100 metros; a través de esta interfaz se activa el Sistema de Remolques, cuenta con un GPS para monitoreo, localización y ubicación del camión de carga, se ha diseñado una placa electrónica que controla la válvula, la variación de voltaje entre la tarjeta, componentes electrónicos, neumáticos y mecánicos del prototipo.

2.2 ABSTRACT

The main function of the system of trailers is the braking of wheels of heavy cargo vehicles; one of the components essential for the present investigation system is the compressor, responsible for administering the air to fill the turtles and braking wheels with brake linings system, the system has been tested at the level of prototype, with a two-way valve one for input and one for output of air turtles process that is performed by the activation of the insurance when needed by the driver, administrator, owner of the vehicle or load, has a wireless connection up to 100 meters with GPS for your monitoring, an interface for mobile devices, a circuit board that controls the variation of voltage between the card and the prototype electric, pneumatic and mechanical components.

2.3 INTRODUCCIÓN

La presente investigación tiene como finalidad evitar los robos a camiones de carga pesada cuando estos transiten por las carreteras o se descompongan en lugares inseguros; El Sistema de Remolques cuenta con una válvula para el control de un pistón que es alimentado por un compresor a través de depósitos de aire comprimido; o mediante la suspensión del paso del aire a las tortugas del vehículo, el pistón actúa como prensa neumática contra el tambor o disco de freno, amarrando las llantas junto con el sistema de balatas e impidiendo el movimiento de remolque sin previa autorización o activación del sistema.

El robo se ha hecho más frecuente en este tiempo y hay que idear más formas para lograr asegurar las pertenencias de las empresas que utilizan camiones de carga para transportar su mercancía a largo y ancho de nuestra República Mexicana. Los remolques de un trailer no cuentan actualmente con una protección segura para evitar el robo del camión o de su mercacia provocando con ello grandes pérdidas económicas, sumas millonarias para los dueños del vehículo o cargamento; en muchas ocaciones el chofer del camión para evitar ser presa algun delito en la carreratera se ve obligado a cuidar por la noche el vehículo y la carga poniendo en riesgo su propia vida; ante esta necesidad de gran importancia para nuestro país se busca proponer, a través de este objeto de estudio, una solución o alternativa diseñando y construyendo el proceso para evitar el robo de los remolques, aplicando la tecnología enfocada al proceso, ensamblando, programando y probando un prototipo que lleva por nombre "Sistema de Remolques".

La investigación está encaminada a beneficiar a los dueños de los camiones, prestadores de servicio de carga, fabricantes de este tipo de vehículos y sus empleados para asegurar su cargamento, remolque y vehículo de transporte, evitando el robo del remolque con solo enganchar y conectar a otro camión; Así como disminuir el riesgo que implica traslado de la mercancía de un lugar a otro y el costo por servicio de seguridad.

2.4 DESARROLLO

La metodología utilizada es por Componentes: Bajo las siguientes fases: Determinación de requerimientos, Diseño, Ensamble y programación, Prueba del prototipo, Puesta en marcha u operación y Documentación del Sistema de Remolques.

1. Determinación de requerimientos: para el diseño del experimento primero se realiza un análisis de las herramientas a nivel software y materiales a ocupar en el prototipo en la tabla 2 y 3 se muestra la relación de estos.

Tabla 2. Software utilizado como herramienta para diseño y programación del sistema de remolques

Software Utilizado	
PCB Wizard 3.50 Pro Unlimited,	Java Processing Wiring, AutoCAD, Star UML y App Inventor

Fuente: Elaboración propia, 2014.

Tabla 3. Relación de material ocupado para el ensamble del prototipo sistema de remolques

Cantidad	Descripción
1	Relevador de 5 v
1	Relevador de 12 v
1	Módulo de micro SD
3	Resistencias de un KΩ
1	Módulo Xbee shield
1	Sensor PIR
1	Cloruro Férrico
2	Placas Fonólicas de 10 x10
3	Diodos de1 Amper
2	Transistores BD135
1	Transistor BD137
1	Hoja transfer
1	Pasta para soldar
2 metros	Soldadura
2	Buzzer plano
1	Banda A110
1	Coplee rápido cuerpo c/esp 1/4 acero
1	Ni ple hexagonal reducido de ¼ por 1/8
1	Abrazadera mini
1	Coplee rápido inserto R/ Hembra de ¼
1	Manguera Pliovic plus de ¼ azul
1	Interruptor ON-OFF
2	Aerosol pintumex Mate
1	Aerosol pintumex Amarillo fluorescente
4	Tuercas Tam-104
1	Paquete de cinchos sujeta cable
1	Clavija blindada recta
1	Adaptador de ¼ a 1/8
1	Adaptador niple espiga ¼ a 3/8
1	Llanta rin 13
1	Válvula de dos vías

Fuente: Elaboración propia, 2014.

1. Diseño y ensamble del prototipo Sistema de Remolques.

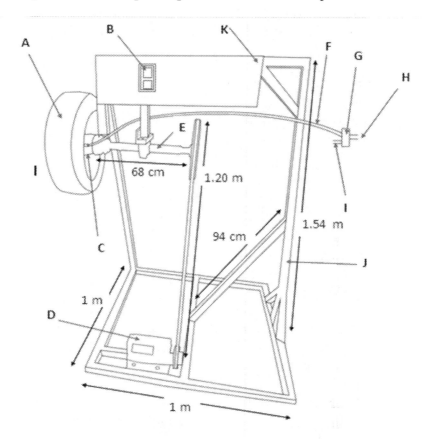

Figura 15. Esqueleto de la estructura del sistema de remolques

La figura 15, muestra la estructura del Prototipo. A continuación se hace una descripción detallada del Sistema de Remolques.

A. **Llanta del vehículo:** Utilizada para demostrar el frenado y cuando está en movimiento, llanta de rin 13.

B. **Paro de emergencia:** se utiliza un interruptor de corta corriente On-off. En caso de una alteración del sistema se debe apagar cortando todo el funcionamiento del mismo.

C. **Sistema de frenando por medio de balatas:** éste se encuentra en la mayoría de los vehículos que existen y su función es detener el giro de la llanta y no poder moverse.

D. **Motor:** ocupamos un motor monofásico de ½ caballo de fuerza para poder mover la llanta.

E. **Eje:** es la parte unida a la llanta que por medio de una banda la puede hacer girar el motor.

F. **Manguera de paso de aire:** utilizamos una manguera Plovic Plus de ¼ azul, la cual se encuentra conectada a la válvula de paso de aire con el sistema de frenado.

G. **Válvula de paso de air**e: es una válvula de dos vías, que permite el paso o suspensión de aire hacia el sistema de frenado.

H. **Manguera de entrada de aire:** esta manguera Plovic Plus de ¼ azul va conectada a una compresora que la alimenta de aire ayudando al frenado de la llanta.

I. **Manguera de salida de aire:** Manguera Plovic Plus de ¼ azul se ocupa para la salida de aire cuando no se ocupa en el sistema de frenando.

J. **Estructura metálica:** es la base que sostiene el prototipo para el frenado de la llanta.

K. **Placa electrónica:** Controla la parte mecánica, neumática y eléctrica del prototipo.

CÓDIGO DEL ARDUINO

```
#include <Servo.h>
```

String inData; //declarar variable string donde se almacenaran las ordenes que el arduino recibe.

```
void setup() {

Serial.begin(9600); //indicial el serial.

pinMode(2, OUTPUT);

pinMode(3,OUTPUT);

pinMode(4,OUTPUT);

pinMode(5,OUTPUT);

pinMode(6,OUTPUT); //pin 3 como salida.}

void loop() {
```

while (Serial.available()) { // todo lo que esta dentro del ciclo lo usamos para tomar los caracteres que lee el serial y transformarlos a un tipo string

delay(10); // que nos sea útil.

if (Serial.available() > 0) { // si es que estamos recibiendo algo char c = Serial.read(); // entonces 'c' toma el valor del carácter que entro.

inData += c; // vamos sumando esos caracteres a la variable "inData", de esta manera creamos nuestra string carácter por carácter. } }

if (inData.length() > 0) { //si "inData" ya tiene al menos un carácter

if(inData == "3on") { //entonces comparamos la cadena que leímos del serial con la condición, en este caso con "3on".

Serial.println("Encender pin 3"); //imprime en el serial la acción que realizamos.

digitalWrite(2, HIGH);

digitalWrite(3, HIGH); //pone en alto el pin 3. }

if(inData == "3off") { //entonces comparamos la cadena que leímos del serial con la condición, en este caso con "3off".

Serial.println("Apagar pin 3"); //imprime en el serial la acción que realizamos.

digitalWrite(2, LOW);

digitalWrite(3, LOW); //pone en bajo el pin 3. }

if(inData == "4on") { //entonces comparamos la cadena que leímos del serial con la condicion, en este caso con "3on".

Serial.println("Encender pin 3"); //imprime en el serial la acción que realizamos.

digitalWrite(4, HIGH);

digitalWrite(5, HIGH); //pone en alto el pin 3. }

if(inData == "4off") { //entonces comparamos la cadena que leímos del serial con la condición, en este caso con "3off".

Serial.println("Apagar pin 3"); //imprime en el serial la acción que realizamos.

digitalWrite(4, LOW);

digitalWrite(5, LOW);

digitalWrite(6, HIGH); //pone en bajo el pin 3. }

inData=""; //declaramos la variable inData como vacia para volverle a sumar los caracteres que recibimos del serial y luego compararla. }}

2.5 RESULTADOS

2.5.1 Resultados Esperados

- Diseño del sistema Segura de Remolques mediante 3 aplicaciones una por comandos de voz, una táctil y otra en ambiente cliente – servidor.

- Elaboración del prototipo mediante el uso de nuevas tecnologías

- Elaboración de tarjeta electrónica

- Documentación del proyecto.

Divulgación de la Investigación a través de Artículos, Conferencias y participación en diferentes convocatorias de nuestra casa de estudios.

2.5.2 Descripción de Avance del Proyecto

En base al cronograma planteado al inicio del proyecto se tiene un avance del 80% de la primera fase:

- Se ensambló el prototipo

- Se diseñó, probó y programó el sistema electrónico, la interfaz del dispositivo móvil, el sistema inahalámbrico para la operación del sistema de frenado del vehículo.

- Se participó en eventos académicos como: Evento Nacional de Innovación Tecnológica 2014 en su Fase Local obteniendo un reconocimiento por participacipación.

- Se inicia Proceso de **Patente** ante la incubadora de nuestra Institución.

Se inicia la redacción de un **artículo** para su publicación de la primera parte de la investigación.

- **Productos obtenidos.**

- Se diseñó, ensambló, probó y programó el sistema electrónico, la interfaz del dispositivo móvil, el sistema bluetooh para la operación del sistema de frenado del vehículo.

- Se obtuvieron reconocimientos de los eventos académicos en los que se ha participado:

- Reconocimiento por participar en el **Evento Nacional de Innovación Tecnológica 2014** en su Fase Local.

- Documentación del proyecto.

- Se inicia Proceso de Patente de la máquina ante la incubadora de nuestra Institución. Se inicia la redacción de un artículo para su publicación

Nuestro resultado será tener una nueva alternativa de seguridad eficaz y totalmente controlada por el conductor del tráiler para evitar que otra persona tenga la posibilidad de llevarse el remolque y también su mercancía, también buscamos ser líderes en la producción de nuestro sistema para que lleguemos a cada empresa para poder implementarlo.

2.6 CONCLUSIONES

Se elaboró el prototipo, la conexión entre componentes electrónicos y las tortugas, así como un sistema informático móvil para activar el sistema de frenado automático a distancia. Como conclusión se podrá decir que con la implementación de los seguros de los remolque se les dará un buen uso ya que con ellos se evitarán grandes pérdidas económicas en los camiones y mercancía. Estos seguros serán implementados o colocados a todo camión de carga pesada y camiones o carros con suspensión hidráulica ya qué estos seguros están enfocados a los carros con estas características por su manejo de entrada y salida de aire generada por el mismo camión. Con esta tecnología se trata llegar a las grandes empresas que construye los remolques para poder desarrollar los seguros de cajas.

SEGUNDA PARTE

Ingeniería de Organización industrial

CARACTERIZACIÓN DE DECISIONES NO PROGRAMADAS EN SISTEMAS DE AYUDA A LA TOMA DE DECISIONES (DSS) EN LA PLANIFICACIÓN DE LA PRODUCCIÓN

[1]**Aranda Gracia,** [1]**Raúl Valero;** [1]**Boza, Andrés.**

[1]Centro de Investigación en Gestión e Ingeniería de Producción (CIGIP). Universitat Politècnica de València. Camino de Vera s/n Ed 8B – Acceso L – Nivel 2 (Ciudad Politécnica de la Innovación) Valencia Spain.

3.1 RESUMEN

Este trabajo analiza la utilización de sistemas de ayuda a la toma de decisiones aplicados a las incidencias que ocurren en producción y que afectan a la planificación de la producción. Para ello se realizará una clasificación de eventos y un análisis de estos para su utilización definiendo la vida del evento.

3.2 ABSTRACT

This paper deals with the use of decision support system applied to incidents that occur in production and affecting production planning. A classification of events and analysis for use of these lives defining event took place.

3.3 INTRODUCCIÓN

La toma de decisiones, en un entorno empresarial, implica decidir qué hacer frente a un problema que tenga la empresa o simplemente elegir una opción en algún tema en el que se tenga esa capacidad. Esto lleva a plantearse, qué decisión es la buena y cuál la mala, aunque quizás sería más correcto hablar sobre qué decisión es la mejor de todas las posibles que se tienen o las más adecuada según sus circunstancias y ¿Cómo ayudar en este proceso?

Los sistemas de ayuda a la toma de decisiones son herramientas de Tecnologías de la Información que ayudan aportando información y dan posibles soluciones, según sea el caso, y de acuerdo a los distintos niveles en la empresa y al tipo de decisiones que toman.

En las decisiones que se toman en los distintos niveles de la organización, se puede no tener toda la información, sino que ésta puede ser parcial y el decisor participa introduciendo sus propios criterios. Según se suban las decisiones en la cadena de mando se van haciendo cada vez más difíciles porque son cada vez más abstractas.

Un caso en el que se deben tomar decisiones en la empresa es cuando se producen incidencias no programadas. Para gestionar las incidencias, los sistemas de ayuda a la toma de decisiones tienen mucha importancia, porque hay que decidir cómo actuar ante un evento no programado. Este evento puede ser positivo o negativo para la organización, siempre se hace hincapié en lo negativo, porque causa perjuicio económico, aunque no actuar en el momento adecuado en un evento positivo puede hacer que éste se convierta en negativo. Pero lo importante aquí es la importancia del evento, un pequeño problema en producción, puede ser solucionado en un momento sin afectar a nada ni a nadie, con lo que la incidencia se ha resuelto sin producir perjuicio. Pero puede ser, que un problema de producción no se pueda resolver a su nivel y se tenga que subir al nivel siguiente (mandos intermedios) o incluso llegar hasta la dirección de la empresa. Es en este punto donde los sistemas de ayuda a la toma de decisiones ganan importancia.

Queda claro que, al igual que pasa en producción, ante una incidencia en la planificación de la producción, que es difícil de controlar, los sistemas de ayuda a la toma de decisiones pueden ayudar en la resolución de esta incidencia. Las decisiones que se toma en las empresas son muy numerosas y variadas. Este trabajo se centra en las decisiones en el ámbito de la planificación de la producción. Por lo que la intención de este trabajo es analizar el comportamiento de los sistemas de ayuda a la toma de decisiones en la planificación de producción, y su interacción con las distintas incidencias que se puedan producir.

Ante una incidencia existen dos posibles actuaciones, por un lado está la actuación estructural, que es buscar la raíz del problema y arreglarla de forma que no vuelva a ocurrir, pero para esto se necesita tiempo y es una solución definitiva a largo plazo. La otra opción es simplemente solucionar el problema para poder seguir trabajando, es una solución instantánea que no soluciona futuras repeticiones del problema, pero nos permite llegar a servir los pedidos. En este trabajo se pretende analizar este segundo camino para seguir produciendo.

Está claro que en producción es imposible eliminar por completo las incidencias, ya que el proceso tiene una complejidad tal que siempre existirá la posibilidad de problemas. Y que cuando ocurran estos problemas se tendrá que invertir el tiempo necesario en su resolución.

Entonces se puede decir que todo problema de cierta relevancia en producción afectará directamente a la programación de producción e incluso puede afectar a la planificación de la producción.

Ante este panorama los sistemas de ayuda a la toma de las decisiones, pueden ayudar en la gestión de dichas incidencias. Un sistema de ayuda a la toma de decisiones guía en la búsqueda de la mejor solución del problema, a la vez que reduce el tiempo de resolución, con lo que se mejora uno de los caminos antes expuestos. Pero los sistemas de ayuda a la toma de decisiones también pueden ayudar a la identificación de posibles incidencias antes de que ocurran, y así, a la mejora del punto de partida del proceso, lo que puede aportar una gran ventaja a la empresa por la mejora de la gestión de incidencias, y esto repercute directamente e indirectamente en los costes y beneficios.

3.4 DESARROLLO

La selección de un sistema de ayuda a la toma de decisiones tiene que adaptarse a las necesidades de la empresa, es decir que tiene que ser diseñado para esa función específica y optimizado para trabajar en el proceso de esa empresa. Pero también tiene que utilizar una información específica y de calidad, clara y correcta. Un sistema de ayuda a la toma de decisiones ayuda a gestionar y supervisar la producción, porque esto mejora el proceso productivo, ya que reduce los tiempos de inactividad y los daños físicos causados, mejora la calidad del producto y la flexibilidad del proceso, lo que al final es una ventaja competitiva, creando procesos eficientes.

Un sistema de ayuda a la toma de decisiones es una herramienta fundamental para la gestión de incidencias en la organización, porque normaliza los servicios y minimiza los efectos de las incidencias. La gestión de incidencias puede requerir de la toma de decisiones en diferentes niveles de la organización, o la relación entre niveles para tomar esta decisión. O dicho de otra forma, la gestión de incidencias tiene distinta importancia dentro de la empresa, y hay que analizar su complejidad y a qué personas, departamentos o niveles de la empresa afecta.

Se puede decir que el punto más importante de todos es que hay que definir correctamente la jerarquía, la estrategia y los roles tanto en la empresa como en el sistema de ayuda a la toma de decisiones, y que ambos tienen que estar relacionados y trabajar en la misma dirección para la optimización del proceso. Esto debe ser apoyado por un modelo realista y un programa con una interfaz amigable y fácil de usar.

La función del sistema de ayuda a la toma de decisión es optimizar la resolución de problemas, esto mejora el tiempo de resolución de la incidencia, y produce ahorro de coste. Para ello, es recomendable que el sistema aprenda y se retroalimente, por lo que es conveniente revisar el sistema periódicamente para adaptarlo a los cambios que se van produciendo en el entorno. Otra forma muy eficaz para el buen funcionamiento del sistema es dividir el problema en sub-problemas, de forma que, si no se obtiene el óptimo, se obtiene una buena aproximación en un tiempo mínimo.

Para comprobar el buen funcionamiento del sistema de ayuda a la toma de decisiones se recomienda realizar medidas de rendimiento, así se puede medir el beneficio que aporta cada solución. La planificación y la programación de la producción, son procesos importantes porque evitan retrasos y mejoran rendimientos con el fin de satisfacer al cliente. Una planificación eficaz mejora la calidad del producto, la flexibilidad del proceso y el tiempo de flujo de órdenes. Todo esto indica la importancia que tienen estos procesos en la producción y el cuidado especial que hay que poner en ellos. Los sistemas de ayuda a la toma de decisiones aplicadas a la planificación y programación de la producción, las hace más eficientes y rápidas de hacer, porque es un problema complejo por la gran cantidad de variables que pueden entrar en conflicto.

En resumen, una buena recogida de datos, una base de datos con la que trabajar alineada con los objetivos de la empresa, y en el caso de las incidencias con información de calidad y relevante para la resolución de la incidencia, y un sistema de ayuda a la toma de decisiones que adaptado a las necesidades de la empresa, son el comienzo de una buena resolución de incidencias. Que las jerarquías, las estrategias y los roles estén alineados entre la empresa y el sistema de ayuda a la toma de decisiones ayuda a la mejora de la resolución.

La planificación de la producción es una tarea complicada, por lo que realizar o solucionar problemas posteriores es difícil. Para esta dificultad, la recomendación generalizada es dividir el problema en sub-problemas. Porque así la resolución de problemas será rápida y eficaz. Los tres principales motivos para la mejora del sistema inciden en la minimización del tiempo, el ahorro en costes y la mejora de calidad, lo cual proporciona una ventaja competitiva.

¿Qué características de un evento deben importar para su análisis? Esta es la pregunta a contestar en este apartado, ya que cada evento tendrá sus características, pero se tendrá que desarrollar una metodología que desarrolle cómo actuar ante características similares de los eventos.

La perdida de una oportunidad de mejora dada por un evento puede ser tan mala como una incidencia mala como se puede ver en la figura 16.

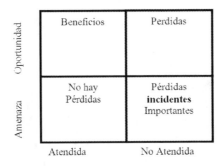

Figura 16. Importancia de la atención de los incidentes

Primero se clasifican los eventos según donde se produzcan, para ello se definirán eventos internos y eventos externos. Los eventos externos son los producidos fuera de la organización, como todos los cambios del ambiente que rodea la organización como el mercado, los clientes o según se entienda la organización, los proveedores, porque si se trabaja a nivel de cadena de suministro no serían considerados externos. Eventos externos son los cambios de órdenes o fallos de materias primas. Los eventos internos son los que se producen dentro de la organización, y serian todos los demás fallos.

Pero sería más interesante ver los fallos por nivel, con esto se está diferenciando los fallos en básicos, que son los que se producen y hay que solucionar, y los fallos de detección, que son detectados durante el proceso, pero que en verdad son una combinación de varios de los fallos básicos.

Con esto no se está diciendo que los fallos básicos no son detectados como tales, sino que existen ocasiones en las que se detectaran estos fallos básicos y otras en las que se detectaran los fallos de detección. Por otro lado, están las soluciones, que sin ser eventos son elementos que hacerlos es complejo y que cada vez que se da un evento puede ser necesario la modificación de estas soluciones.

3.4.1 Fallos Básicos

Son fallos que afectan a recursos o capacidades y son el origen de todos los fallos y sobre los que hay que aplicar las soluciones.

3.4.2 Fallo Maquina

Para este trabajo se entiende que un fallo típico en producción, se da porque ha habido algún problema en la máquina y no ha podido realizarse el trabajo que estaba previsto. Es un fallo de recurso, ya que se había asignado la capacidad de este recurso a una orden y ésta no se ha podido cumplir porque esa capacidad ha desaparecido por la incidencia.

Existen varias formas de atacar este problema, la primera es previniendo el posible fallo, es decir, o evitando que ocurran, cosa difícil en muchas empresas, o como se espera que ocurra, se tiene previsto este fallo en la programación y se reserva la capacidad que se perderá durante el periodo programado. Esto no generaría un evento ante el que actuar salvo si no han funcionado correctamente las acciones correctoras.

Por otro lado, si no se ha tenido en cuenta el fallo y ocurre, o es mayor de lo esperado, esto produce un desajuste de la programación, falta tiempo de máquina para poder cubrir las órdenes. Ante esto se puede optar por mover las órdenes de sitio, hacer horas extras o subcontratar.

Todo esto implica empezar rehaciendo la programación de la producción, pero puede ocurrir que con la modificación de la programación no exista suficiente capacidad, con lo se tienen que modificar la planificación de la producción, y si esto no es suficiente, modificar los planes de alto nivel.

3.4.3 Fallo Humano

Para este trabajo, un fallo será por falta de personal, el hecho de que un trabajador no ha venido por algún problema o le ha ocurrido algo en la empresa, y no se ha podido realizar su faena. Este problema es muy similar al anterior, porque es un fallo de recurso, y esto modifica la capacidad productiva y no se puede cumplir con la programación de la producción.

En este fallo, es muy difícil prever las posibles faltas de personal o los accidentes dentro de la empresa. Con lo que hay empresas que tienen gente extra para cubrir las faltas o toca mover las ordenes, hacer horas extras o subcontratar capacidad de producción, para poder seguir cumpliendo las ordenes programadas.

Todo esto implica lo mismo que antes, empezar rehaciendo la programación de la producción, pero puede ocurrir que con la modificación de la programación no exista suficiente capacidad, con lo se tienen que modificar la planificación de la producción, y si esto no es suficiente, modificar los planes de alto nivel.

3.4.4 Fallo de Materia Prima

Este fallo, en este trabajo, es no disponer de la materia prima necesaria para cumplir las órdenes de trabajo. Este fallo se puede dar por dos causas principalmente, que la materia prima no ha llegado a tiempo, porque se dio mal la fecha de entrega o porque el proveedor no ha cumplido, o porque la materia prima no tiene la calidad necesaria para el producto, por culpa de que no se seleccionó la adecuada o porque el proveedor ha fallado. Otra forma de darse este problema es que ha habido cambios de programación de la producción y se ha introducido una nueva orden y no se dispone de la materia prima necesaria para ésta.

Si la culpa es del proveedor, se optarán por medidas específicas de ese campo. Si el problema es que nuestra información es mala, tendremos un fallo de información. Y si es por una nueva orden que se ha cometido de un error en la programación de la producción. Como solución, se recomienda trabajar en la minimización de este tipo de fallo, pero si ocurre, se retocará la programación de la producción, y si no es suficiente la planificación y se puede llegar hasta los planes superiores.

3.4.5 Fallo de Información

Este fallo se tratará como un error doble, por un lado está el fallo de los sistemas de Información, de forma que dejan de funcionar, siendo este de una importancia variable y dependiente de la dependencia de la organización de estos sistemas de información. Y si esta dependencia es grande no se podrá producir hasta que se solucione.

Por otro lado, está el fallo en los datos asociados a las órdenes. Este error se puede dar porque se han transcrito mal los datos o el mismo dato esta en varios lugares a la vez y hay diferencias de valor.

Este tipo de error puede generar muchos problemas, pero los más significativos son:

- Cantidades no correctas.

- Calidades no adecuadas.

- Fechas de entrega incorrectas.

Lo que genera sobre stock o falta de stock.

Este error puede ser descubierto en cualquier momento del proceso productivo, y según donde se presente, se podrá actuar de diferentes maneras.

Si el error es descubierto al principio del proceso puede haber tiempo de reacción, con lo que se retocará la programación de la producción, y si no es suficiente la planificación y se puede llegar hasta los planes superiores. Pero como se avanza en el proceso el tiempo de reacción disminuye, y salvo que se tenga stock para cubrir la orden tocara retrasarla y retocar la programación de la producción, y si no es suficiente la planificación y se puede llegar hasta los planes superiores.

Al final la solución es la capacidad, si las órdenes han sido cortas hay que buscar la capacidad necesaria para la orden, reorganizando órdenes, horas extras o subcontratando. Volviendo al tema de reprogramar la producción, o la planificación o incluso tocar los niveles siguientes. Pero si las órdenes han sido superiores a lo necesario se tendrá que almacenar, con la utilización de capacidad en esa orden innecesariamente y que se podría haber utilizado en otras órdenes necesarias.

3.4.6 Fallos de Detección

Son los eventos que normalmente se perciben en la empresa, y que se pueden descomponer en los fallos básicos. Aunque los errores básicos también pueden ser detectados, suele ocurrir que se encuentran en conjuntos de uno o varios de estos errores.

3.4.7 Fallo de Calidad

Este fallo es un problema que afecta al producto, porque no se consigue la calidad necesaria durante el proceso, en verdad, puede ser una combinación de otros fallos, pero que es detectado en el producto.

Este fallo se puede dar por falta o por exceso de calidad, si es por exceso, la empresa puede aceptar enviar lo producido con el sobrecoste que se haya producido por conseguir esta calidad, o volver a producir el lote con el consumo de capacidades y recurso necesarios y el almacenamiento del lote ya producido. Esto implica la modificación de la programación de la producción y la posible modificación de la planificación de la producción y si no fuera suficiente se tendría que retocar los planes superiores.

La solución por el problema de falta de calidad es reprocesar si se puede el producto, con el consumo de capacidad y recursos necesarios para dejar el producto en buen estado si se puede. Esto implica la modificación de la programación de la producción y la posible modificación de la planificación de la producción y si no fuera suficiente se tendría que retocar los planes superiores. Si el reprocesado no es posible el producto puede ser tirado por ser inservible o almacenado como producto de menor calidad para otra orden que pudiera pedir esta calidad de producto, pero todo esto son gastos.

Realmente la solución a este problema es corregir el fallo que origina este problema de calidad.

3.4.8 Sobre stock

Este error se produce cuando el sistema hace más de lo que se necesita, con lo que toca almacenar. Este problema no parece importante, pero almacenar conlleva unos gastos, por el espacio ocupado y por el valor del material inmovilizado.

Desde el punto de vista de las capacidades y recursos, resulta que se han utilizado una capacidad y unos recursos para realizar esto que podía ser necesaria para realizar otras órdenes, con lo que no se han utilizado eficientemente las capacidades y los recursos.

Este problema gana importancia con productos perecederos o con alta obsolescencia, ya que su almacenaje conlleva unas altas perdidas.

Una solución puntual es evitar estos sobre stock, para ello hay que realizar una planificación y programación de la producción eficiente de los recursos. Pero lo adecuado sería rediseñar el proceso.

También, hay que tener presente que ésta es una mala solución a otros problemas de la empresa, por lo que hay que atacar el problema real del proceso y así se soluciona el fallo de sobre stock.

3.4.9 Falta de Stock

Este error se da cuando se produce menos de lo necesario, entonces las órdenes no se cubren y se puede llegar a perder pedidos. Lo que genera pérdidas, que la empresa no está dispuesta a aceptar.

El problema puede no deberse a no haber dedicado la suficiente capacidad o recursos a la producción, o bien el proceso tienen problemas, y una parte de lo producido no es bueno.

Una solución puntual para evitar la falta de stock, vuelve a ser realizar una programación y planificación eficiente de los recursos. Pudiendo realizar puntualmente horas extra o subcontratación, porque si se transforma en un hábito valdrá más rediseñar el proceso, por ser los problemas del propio proceso.

3.4.10 Accidentes

En este trabajo, será cualquier error de seguridad que causa daño a un ser humano, con lo que se tendrá el fallo humano por una parte, más la problemática del daño causado. El fallo humano ya se ha comentado. Por el tema del daño humano, depende mucho del grado del accidente, pero esto es tema de prevención de riesgos laborales.

También se puede tratar el tema de incidentes, que es lo mismo pero sin daño humano, sino solo daño en las instalaciones. Que al final es un fallo máquina.

3.4.11 Cambio de Órdenes

Este tipo de fallo es muy importante y se trata en este trabajo, porque un cambio de órdenes que este en producción, supone una reestructuración de todo.

Un cambio de orden puede involucrar problemas de calidad, de cantidad o de cambio de producto. Los cambios de calidad pueden afectar a que no se disponga ni de capacidad ni de recursos, principalmente materia prima concreta y se tenga que esperar a recibirla, con lo que hay que reestructurar la programación de la producción (o posibles niveles superiores), y el producto que se tuviera de la orden anterior quedara almacenado (sobrestock), o puede que se necesite otra cantidad de tiempo para cumplir la orden, que se tratara igual que si hubiera un cambio de cantidad.

Si el cambio es de cantidad, hay que reestructurar la programación (o posibles niveles superiores) por el tema de capacidades y de recursos, si se reduce la orden sobre capacidad que hay que reasignar y si se aumenta la orden hay que buscar más capacidad y recursos, (fallos máquina y humano).

Y si se cambia el producto ocurre algo parecido al de calidad, primero habría que revisar si la capacidad y los recursos son viables, y si el nuevo producto cambia de materia prima, es muy posible que haya que esperar a recibirla, y se tenga que reestructurar la programación de la producción (o posibles niveles superiores), y el producto que se tuviera de la orden anterior quedará almacenado (sobre stock).

3.4.12 Fallo de Proceso

Este tipo de fallo se define, en este trabajo, por un mal diseño del proceso, lo que genera que no se pueda cumplir la cantidad y calidad de las órdenes. Si este fallo se tiene bajo control y se conocen sus pérdidas, se pueden mejorar las capacidades necesarias y así cumplir las órdenes. Si no se conocen las pérdidas o los cálculos no han sido buenos, o por otro lado las discrepancias son muy grandes y hay mucha variabilidad, se transforman en múltiples errores:

- No se entrega el pedido por no cumplir con la cantidad y calidad de la orden. Falta de stock.

- Generar mucho producto defectuoso que se reprocesara o se tirara. Pérdidas por producto tirado o perdidas por reprocesar el producto, más por almacenar el exceso, sobre stock.

- Almacenar producto que ha sobrado de la orden, sobre stock.

La mejor solución contra este fallo es rediseñar el proceso, pero si no se puede y la variabilidad es alta, se tiene un problema de capacidades como los anteriores. Donde se tendrá que buscar la capacidad necesaria para la orden, reorganizando órdenes, horas extras o subcontratando. Volviendo al tema de reprogramar la producción, o la planificación de la producción o incluso tocar los niveles siguientes. Los problemas asociados de sobre stock o falta de stock ya se han tratado.

3.4.13 Errores

En este trabajo se da cuando se produce un fallo, por la complejidad del mismo sistema, la máquina no es capaz de llegar a cumplir los límites impuestos, o la combinación de límites de todo el proceso puede estar fuera de rango, o la persona por cualquier causa no ha desarrollado bien el trabajo y se ha producido un error y el producto no es bueno.

Es un fallo parecido al anterior, pero la diferencia está en que el fallo de procesos, se sabe que el proceso está mal y en el error está causado por el proceso, pero este no está mal.

Como solución se podría tener en cuenta estos errores como si fueran fallos de proceso, o sino tratar de solucionarlos retocando la programación de la producción, y si no es suficiente la planificación de la producción y se puede llegar hasta los planes superiores.

3.4.14 Errores Repetitivos

Para este trabajo, son un tipo de errores que se dan de forma cíclica, o casi cíclica, por lo que son fácilmente previsibles y se puede actuar en ellos sin problemas. Este tipo de error podría ser a la vez de cualquier otro tipo.

Una vez reconocidos, se puede implementar la mejor solución y cada vez que ocurra se procederá igual. Es decir se tendrá el procedimiento. Aunque la mejor solución sería rediseñar el sistema para evitar este problema repetitivo.

3.4.15 Soluciones

Son las acciones que tiene la organización para gestionar la producción, que suponen un gran esfuerzo el realizarlas, y que al modificarlas se suele solucionar el problema.

3.4.16 Planificación de la Producción

No es un evento como tal, sino que periódicamente se tienen que realizar, y este es el problema. Para realizar la planificación de la producción, hay que tener muchas variables en cuenta y es un proceso complicado y de gran repercusión en la empresa.

Con lo que no sólo es realizarla, que ya supone un primer problema, sino que la mayoría de fallos vistos modifican la planificación de la producción y si no es suficiente pueden modificar los planes de niveles superiores. Con lo que siempre pueden estar sujetas a cambios. Y sobre esos cambios hay que trabajar para mejorar todo el proceso, porque son a la vez un problema y si se hacen bien, la solución de muchos problemas.

3.4.17 Programación de la Producción

No es un evento como tal, sino que periódicamente se tienen que realizar, y éste es el problema. Para realizar la programación de la producción, hay que tener muchas variables en cuenta y es un proceso complicado y de gran repercusión en la empresa.

Con lo que no solo es realizarla, que ya supone un primer problema, por asignar los recursos necesarios a la planificación de la producción, sino que la mayoría de fallos vistos modifican la programación de la producción y si no es suficiente pueden modificar la planificación de la producción. Con lo que siempre pueden estar sujetas a cambios. Y esos cambios deben estar bien implementados para mejorar todo el proceso, y si se hacen bien, serán la solución de muchos problemas.

3.4.18 Balanceo de Maquinas

Aunque es una herramienta que se tiene en la programación de la producción, hacer el balanceo de máquinas es un problema, porque hay que tener en cuenta una gran cantidad de variables y es complicado realizarlo bien. Pero como en los casos anteriores la mayoría de fallos vistos modifican el balanceo de máquinas, y esto puede afectar a la programación de la producción. Con lo que siempre puede estar sujeto a cambios y esto es un problema y la posible solución de muchos otros.

3.5 RESULTADOS

Todo lo definido en el desarrollo se puede ver como los distintos errores que se encuentran en el día a día de la producción, pero estos errores tienen algún tipo de relación entre sí y con las soluciones antes descritas, qué es lo que se pretende explicar ahora. Aunque en las definiciones anteriores se puede apreciar como ciertos fallos, errores o soluciones están relacionados, porque dependen unos de otros, de forma que cuando se da uno es obligatorio que se dé otro. En la siguiente figura se puede apreciar el ciclo de vida que tendría un incidente. Se parte de un evento producido, que es un evento básico o una combinación de estos. El siguiente paso es la detección del evento, que a veces es detectado como básico y otras como fallo de detección. De esta detección se obtienen los eventos básicos que conforman el evento que se ha producido, que no es más que las capacidades de recursos necesarios. Una vez se conocen los eventos básicos que se han producido se debe buscar una solución, que suele ser la modificación de los planes de producción. Obteniendo como final del ciclo del evento los nuevos planes de producción que solucionan el daño causado por el evento.

Una vez aclarada la relación entre los fallos, los errores y las soluciones, entramos a relacionar los eventos puntuales como son estos con los eventos periódicos. Aquí el problema es doble, hay que valorar la importancia del evento y el tiempo de periodo que falta para cumplir la vida de los planes de producción. Realmente esta relación es interesante cuando el fallo genera un cambio en la programación o planificación de la producción.

¿Entonces, qué hay que hacer?, ¿se modifica la programación para adaptarse a este cambio o no?, ¿cuánto tiempo le queda aún a la programación?, ¿esto es aplicable a todo tipo de plan?

Está claro que la intención de la empresa es obtener beneficios, y para ello hay que producir lo máximo para poder vender lo máximo. Así que si hay que modificar la programación o la planificación de la producción se modifica, pero siempre dentro de los límites que imponga la empresa, pero si le queda poca vida al plan, puede ser muy interesante no modificar este y cambiar a la próxima programación o planificación de la producción.

Aunque se puede teorizar mucho sobre cómo hacer la relación entre eventos y periodos, al final serán las normas y las restricciones físicas o ideológicas de la empresa quienes manden.

Es decir que para el buen funcionamiento de la decisión sobre si interesa modificar o utilizar una nueva programación o planificación de la producción sería analizar situación a situación. En esta decisión también es conveniente utilizar un sistema de ayuda a la toma de decisiones, porque ayudará a seleccionar la mejor solución posible.

Esto complementa la utilización del sistema de ayuda a la toma de decisiones que se utiliza para realizar la planificación y la programación de la producción, y que ante un evento ayuda a rehacer estas de forma rápida y eficiente. Con lo cual se puede decir que la función de todo esto es la de ser aplicado en los sistemas de ayuda a la toma de decisiones para su mejor funcionamiento.

3.6 CONCLUSIONES

Primero, un sistema de ayuda a la toma de decisiones es un programa que a través de la implementación informática de algoritmos especiales diseñados para la solución de problemas da posibles soluciones a las decisiones que se le plantean. Por ello un sistema de ayuda a la toma de decisiones es diseñado y optimizado para las necesidades de la empresa. De forma que necesita una información específica y de calidad, dentro de una base de datos alineada con los objetivos de la empresa. También se necesitan una jerarquía, una estrategia y unos roles tanto en el sistema como en la empresa, que estén relacionados y que trabajen en la misma dirección. Y esto debe de ser apoyado por un modelo realista y un programa con una interfaz amigable y fácil de usar.

Un sistema de ayuda a la toma de decisiones ayuda a gestionar y supervisar la producción, porque esto mejora el proceso productivo, ya que reduce los tiempos de inactividad y los daños físicos causados, mejora la calidad del producto y la flexibilidad del proceso, lo que al final es una ventaja competitiva, creando procesos eficientes. Además, un sistema de ayuda a la toma de decisiones en la gestión de incidencias, requiere la toma de decisiones en diferentes niveles de la organización y tiene como función optimizar la resolución de problemas, porque normaliza el servicio y minimiza el efecto de las incidencias, al mejorar el tiempo de resolución de la incidencia y esto es un ahorro para la empresa.

Para ello, es recomendable que el sistema aprenda y se retroalimente, por lo que es conveniente revisar el sistema periódicamente para adaptarlo a los cambios que se van produciendo en el entorno. Otra forma muy eficaz para el buen funcionamiento del sistema es dividir el problema en sub-problemas, de forma que no se obtiene el óptimo, pero se obtiene una buena aproximación en un tiempo mínimo.

Los sistemas de ayuda a la toma de decisiones aplicadas a la planificación y programación de la producción, las hace más eficientes y rápidas de hacer, porque es un problema complejo por la gran cantidad de variables que pueden entrar en conflicto. Una planificación eficaz mejora la calidad del producto, la flexibilidad del proceso y el tiempo de flujo de órdenes, y todo esto se refleja en el tema económico.

La clasificación de eventos en fallos básicos (máquina, humano, materia prima y de información) y de detección (fallo de calidad, sobre stock, falta de Stock, accidente, cambio de órdenes, fallo de proceso, errores y errores repetitivos), así como, el ámbito de soluciones (planificación de la producción, programación de la producción, balanceo de máquinas) ha permitido establecer un marco para los sistemas de ayuda a la toma de decisiones que actúan en este ámbito.

ANÁLISIS DE ALINEACIÓN ESTRATÉGICA DEL NEGOCIO Y LAS TECNOLOGÍAS DE LA INFORMACIÓN UTILIZANDO INGENIERÍA EMPRESARIAL EN UN CONTEXTO DE COLABORACIÓN INTER-EMPRESARIAL NO JERÁRQUICA

[1] Vargas, Alix; [1]Boza, Andres

[1] Centro de Investigación en Gestión e Ingeniería de Producción (CIGIP). Universitat Politècnica de València. Camino de Vera s/n Ed 8B – Acceso L – Nivel 2 (Ciudad Politécnica de la Innovación) Valencia Spain.

4.1 RESUMEN

En este capítulo se identifica y realiza un análisis profundo de la literatura referente a alineación estratégica, arquitecturas empresariales y colaboración empresarial, determinado la relación existente entre estas disciplinas, en la búsqueda de proponer nuevas líneas de investigación que combinen y relacionen estas tres disciplinas para la generación de propuestas innovadoras que soporten y faciliten el actual cambio estratégico que están tomando las cadenas y redes de suministro hacia un ambiente de colaboración empresarial apoyadas en el uso indispensable de las tecnologías de la información.

4.2 ABSTRACT

This chapter identifies and performs a deep analysis of the literature on strategic alignment, enterprise architecture and business collaboration, gives the relationship between these disciplines in the search for proposing new research lines that combine and relate these three disciplines for generation of innovative proposals that support and facilitate the current strategic shift that is taking the supply chain networks into a collaborative business environment supported by the indispensable use of information technology.

4.3 INTRODUCCIÓN

El estado actual de la economía y el comercio mundial está dominado por la globalización, lo cual genera un ambiente de absoluta competencia. Este entorno de globalización y competencia origina que la forma de hacer negocios y competir adecuadamente sea a través de la cadena de suministro, pues las empresas de manera individual no son autosuficientes. Cada empresa forma parte de una o varias cadenas de suministro y gran parte de su negocio se realiza fuera de su marco, tanto aguas arriba como aguas abajo, por lo que su competitividad y respuesta al cliente no sólo depende de su eficiencia individual, sino además de las empresas de las que depende y a las abastece (clientes y proveedores), es decir a las empresas que conforman su cadena o sus cadenas de suministro. Por tanto hoy en día ya no son la empresas individuales las que compiten entre sí, en la actualidad quienes compiten son la cadenas de suministro o las redes que conforman estas cadenas de suministro. Se hace pues necesario que las empresas que conforman estas cadenas y/o redes estén integradas y coordinen sus procesos en búsqueda de ser más competitivas y eficientes, permitiendo de esta forma el cumplimiento de los objetivos globales de la cadena y de sus objetivos propios.

Por otro lado las organizaciones son más complejas y requieren procesos de negocios flexibles que sean soportados de forma eficiente por las tecnologías de la información (TI), siendo indiscutible el hecho que las TI y los Sistemas de Información (SI) han adquirido una función estratégica dentro de las organizaciones y esta función tiene cada vez más impacto en la estrategia de negocio, pues hoy en día las

SI/TI constituyen para las organizaciones una ventaja competitiva que debe ser sostenible en el tiempo.

Por lo anterior se deduce que las empresas deban ser capaces de cumplir dos objetivos independientes: gestionar la creciente complejidad tecnológica de sus SI logrando que los mismos generen valor añadido a los procesos de negocio y al mismo tiempo deben lograr integrar y coordinar sus procesos con los de sus socios en la cadena en la búsqueda de eficiencia y competitividad que asegure la supervivencia en el mercado global.

En lo que se refiere al cumplimiento del primer objetivo, se consigue si existe una alineación estratégica entre el negocio y las SI/TI, este concepto toma fuerza con el Modelo de Alineación Estratégica, aunque la teoría parece fácil de entender, en la realidad la implementación de la alineación no es fácil de realizar, pues los estudios, modelos o frameworks desarrollados para tal fin son escasos y en muchos casos no ha sido validada su utilidad en el mundo real.

El logro del segundo objetivo se alcanza, cuando se implementan sistemas de colaboración inter-empresa que permita a las entidades que conforman esas cadenas de suministro desarrollar una planificación conjunta de las actividades con el fin de coordinarse y sincronizarse permitiendo de este modo satisfacer al cliente final. La planificación llevada a cabo de forma aislada por cada uno de los eslabones que forman parte de la cadena de suministro conduce a ineficiencias globales que originan niveles de inventario excesivos, tiempos de ciclo largos o desajustes frecuentes en los planes, por tanto cobra sentido que exista una relación "colaborativa" entre las partes, en búsqueda de eliminar estas ineficiencias y mejorar los resultados obtenidos. Adicionalmente, el concepto de planificación colaborativa toma un mayor sentido cuando ésta se realiza en un contexto no jerárquico, es decir, cuando la toma de decisiones se efectúa de forma distribuida y todos los miembros en el proceso de colaboración son parte activa del mismo, distribuyendo adecuadamente los procesos y la toma de decisiones, de acuerdo con las habilidades y capacidades que puedan aportar cada uno de los socios.

Lograr estos dos objetivos en principio independientes, puede ser posible de forma conjunta gracias al uso de la Ingeniería Empresarial (IE) en un enfoque de Arquitectura de Empresa (AE). La AE proporciona conceptos, modelos e instrumentos que permite a las organizaciones afrontar los retos que representa la integración de las áreas estratégicas y los procesos de negocios con las áreas de TI, logrando entonces generar mayor valor a las empresas, mejorando su desempeño, su comunicación y su grado de integración, que finalmente dará origen a la creación de ventaja competitiva mediante el soporte efectivo de las TI para el cumplimiento de las estrategias y objetivos establecidos. Aunque el uso de las AE se ha implementado y estudiado en profundidad en la empresa individual, estos conceptos pueden ser ampliados a la cadena o redes de suministro, o la integración de dos o más empresas que forman parte de estas cadenas o redes de suministro, sin embargo las investigaciones en esta área son muy limitadas.

4.4 DESARROLLO

4.4.1 Estado del arte conjunto entre arquitecturas empresariales y colaboración empresarial

Pese a que la mayoría de las arquitecturas empresariales son capaces de generar modelos descriptivos razonablemente buenos de arquitectura para la empresa individual, no se han creado acciones concretas en el camino de la empresa extendida o arquitecturas inter-empresa que tengan en cuenta la rápida evolución de complejos entornos de colaboración. Solo se han encontrado cuatro artículos que combinan estas dos áreas, y estos se han desarrollado principalmente en la línea de frameworks de colaboración, por lo que en la disciplina de arquitectura empresarial aún existen bastantes líneas de investigación que pueden ser desarrolladas en el contexto de colaboración empresarial.

Una arquitectura empresarial total debe reunir tres elementos necesarios: framework, metodología y lenguaje de modelado. Se encontró en la literatura consultada cuatro investigaciones que proporcionan información en cuanto a arquitecturas para la colaboración, aportando la definición y conceptualización de un framework de colaboración, sin embargo sólo dos de estas investigaciones proporcionan un proceso metodológico para su implementación y tres de estas investigaciones proporcionan soluciones de lenguaje de modelado, que pueden ser aplicadas a través de un software propio o comercial. A continuación se profundiza en estos tres elementos.

4.4.2 Framework de arquitectura empresarial en contexto de colaboración

Partiendo del hecho de que todas estas investigaciones proporcionan un framework, para realiza un análisis comparativo de los elementos y datos relevantes de cada una de estas propuestas. A simple vista se observa que los tres frameworks trabajan bajo el enfoque de vistas y que algunas de estas vistas son comunes entre los frameworks, sin embargo los niveles que plantea cada framework son bien diferentes entre sí.

Los niveles que plantea el framework, se puede equiparar con las fases del ciclo de vida que propone la ISO/CEN 19439, pero de una forma muy global, donde la identificación y definición del concepto se puede corresponder con la estrategia colaborativa, la definición de requisitos, especificación de diseño y descripción de la aplicación se corresponde con la ingeniería de procesos de negocio colaborativa, y la operación se corresponde con la ejecución de los negocios de forma colaborativa.

4.4.3 Metodología de arquitectura empresarial en contexto de colaboración

La metodología propuesta consiste en cinco fases, las fases 1, 3 y 5 corresponden a procesos conjuntos de colaboración y las fases 2 y 4 corresponden al dominio local de cada uno de los socios en la colaboración. Cada una de las fases propuestas se describe a continuación:

Fase 1: En esta fase los socios ya se han explorado mutuamente y han decidido colaborar de forma significativa, por lo que se realiza un acuerdo de colaboración donde se definen objetivos compartidos y responsabilidades individuales y grupales, además de medidas de rendimiento (KPIs) que garanticen la consecución de los objetivos, realizando de esta forma la planificación estratégica conjunta de la colaboración **Fase 2:** Cada socio en su dominio local identifica las actividades que deberá realizar para cumplir con la estrategia de colaboración conjunta y a las condiciones predefinidas, cada socio considera su parte en el proceso de colaboración inter-empresa y define un modelo de procesos que optimice el presente. **Fase 3:** Con base en el modelado realizado por cada uno de los socios en la colaboración se establece un concepto colectivo del proceso conjunto, en esta fase cada socio debe conectar su modelo individual con todos los modelos de procesos de sus socios, en búsqueda de unificar, integrar y coordinar el proceso global. **Fase 4:** La integración colaborativa del modelo de proceso de negocio conjunto, habilita a todos los socios a configurar y preparar sus sistemas de aplicación locales que permita que el proceso conjunto se realice de forma efectiva. **Fase 5:** El objetivo de esta fase es apoyar la colaboración a través del uso apropiado de las tecnologías de la información y la comunicación, adicionalmente en esta fase se debe garantizar un monitoreo y adaptación de la colaboración, en base a los KPIs definidos en el acuerdo de colaboración.

La metodología propuesta, solo que esta metodología tiene en cuenta los procesos AS-IS pues según los autores de esta forma la situación actual es entendida por todos los participantes y con base en esta se buscará su optimización a través de la definición de los procesos TO BE, evitando de esta forma la definición de procesos basados sólo en ideales.

Estas dos fases deberían incluirse en el dominio global de colaboración dado que implican procesos primordiales en el desarrollo de la colaboración, por lo que se ha complementado la propuesta con las fases 0 y 6. Estas dos fases se explican detalladamente a continuación:

Fase 0: En esta fase alguno de los socios en la cadena toma la iniciativa en proponer un proceso de colaboración, ya sea porque se ha iniciado o porque se considera necesario colaborar en búsqueda de sinergias que hagan más competitiva la cadena. Los socios que deciden implicarse empiezan a conocerse de una forma más amplia e identifican oportunidades de colaboración que permitan un beneficio mutuo. En esta fase los socios deciden implicarse y hacer efectivo el proceso de colaboración, así como formarse en estos conceptos y decir pasar a la siguiente fase. **Fase 6:** Luego de evaluar los resultados obtenidos debe existir una retroalimentación de los socios participantes en busca de determinar la satisfacción o no en el proceso de colaboración. Si existen inconformidades o diferencias entre los participantes se establecerá la disolución del acuerdo o la reconfiguración del mismo, adaptando el proceso en las actividades donde se considere necesario realizar modificaciones, siempre en búsqueda del beneficio conjunto.

4.4.4 Lenguaje de modelado de arquitectura empresarial en contexto de colaboración

Tres de los trabajos de investigación en esta área hacen referencia al lenguaje de modelado utilizado: Por su parte utilizan como base para la definición del modelado del framework propuesto, una plataforma independiente de modelado de la arquitectura basada en modelos (Model Driven Architecture - MDA), propiedad del grupo consultor OMG (Object Management Group), este lenguaje se basa en principios de UML (Unified Modeling Language). El uso de IDEF0 y redes GRAI para representar un nivel general las diferentes actividades y las decisiones dentro de los diferentes procesos de negocio. También proponen el uso de UML para describir el proceso de negocio de la empresa virtual y la relación con los sistemas de información con un grado más específico de detalle. El uso de herramientas que permitan la visualización del proceso de colaboración que garanticen el entendimiento común de los procesos de colaboración entre todas las empresas y personas involucradas en el proceso de negocio. Proponen utilizar para ello INTERACTIVE Process Modeler[VR] software creado por Interactive Software Solutions, esta herramienta proporciona una plataforma de comunicación intuitiva basado en Internet para registrar los procesos de negocio de forma interactiva y descentralizada, siendo los empleados funcionalmente responsables de describir los procesos de negocio y establecer un acuerdo con ellos a través de un entorno virtual. El lenguaje de modelado utilizado en el este software es el BPML (Business Process Modeling Language), el que consideran un apropiado lenguaje de intercambio.

4.4.5 Estado del arte conjunto entre arquitecturas empresariales y alineación estratégica

En esta sección se presenta una revisión de los trabajos que combinan dos áreas que en principio son independientes: 1) la alineación estratégica entre el negocio y SI/TI, y 2) la ingeniería empresarial aplicada por medido de arquitecturas empresariales. El análisis de la literatura ha permitido observar como en los últimos años estas dos corrientes se han complementado, existiendo trabajos que definen una alineación estratégica a través del concepto de ingeniería empresarial en un enfoque de arquitecturas empresariales.

Para las empresas es necesario que exista una alineación entre las estrategias del negocio y las tecnologías de información, en búsqueda de lograr una ventaja competitiva sostenible en el tiempo, aún cuando este concepto es relativamente fácil de entender, su aplicación en la empresa no resulta sencilla. Sin embargo, con ayuda de las arquitecturas empresariales, es posible alcanzar la alineación estratégica, ya que éstas proporcionan herramientas y metodologías que permiten la integración de los elementos que conforman la empresa.

4.4.6 Análisis comparativo de SAM y las Arquitecturas Empresariales

El modelo SAM - Strategic Alignment Model, constituye la base de diferentes propuestas desarrolladas en búsqueda de la alineación estratégica del negocio y SI/TI. En la tabla 4, se realiza un análisis comparativo entre el SAM y las arquitecturas empresariales con base en estudios realizados. Los aspectos analizados incluyen: objetivo, funcionalidad, tipo de planificación en la que es aplicable, nivel de complejidad, herramientas que utiliza para su implementación, terminología utilizada, nivel de formación requerida para su implementación, presentación gráfica, distribución de la información, agilidad, coherencia y utilidad.

Tabla 4. Análisis comparativo entre SAM y AE

ASPECTO	SAM	AE
Objetivo	Lograr la alineación entre la estrategia del negocio y la estrategia de SI/TI	Facilitar la integración y coordinación de todos los elementos de la empresa
Concepto	Teórico	Práctico
Planificación	Estratégica	Estratégica, táctica y operativa
Complejidad	Simple de entender	Complejo
Herramientas para su implementación	No soporta	Frameworks, metodologías y modelado
Terminología	General	Técnica y especifica
Formación	No requiere	Requiere formación
Presentación gráfica	No soporta	Modelos son usualmente usados en la práctica
Distribución de la información	Puede ser malinterpretada	Significativa para expertos
Agilidad	No	Si, cuando es usada adecuadamente
Coherencia	No	Si, cuando es usada adecuadamente
Utilidad	Educacional, si se dirige a la alta dirección	Útil si toda lo organización sigue esta disciplina y su uso es requerido

Fuente: Ampliación Wang et al., (2008)

Se puede concluir que debería existir una estrecha relación entre el SAM y las AE, aún más que el SAM, debería ser parte inequívoca de la AE, pues la AE busca la integración de todos los componentes de la empresa y tanto los SI/TI como los procesos del negocio son elementos de la empresa y SAM de forma conceptual busca su alineación. Además las arquitecturas de empresa representan para SAM una herramienta que permite aplicar de forma consistente la teoría de alineación que aporta el modelo, la Figura 17 refleja esta conclusión.

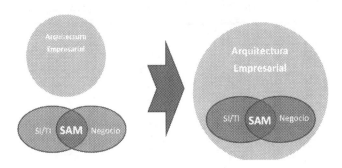

Figura 17. Hacia la concepción de SAM como parte integral de EA

4.4.7 Análisis de los elementos de las arquitecturas empresariales totales en las propuestas de alineación estratégica.

Se ha determinado que una arquitectura empresarial total debe reunir tres elementos necesarios: framework, metodología y lenguaje de modelado. La tabla 5, resume para cada uno de los artículos consultados qué aporte a las arquitecturas de empresa total realiza, con base en esta clasificación, se desarrollan las siguientes sub-secciones. Nótese que solo una de estas propuestas reúne los tres elementos de las arquitecturas de empresa totales, por lo que será analizada al final de todas.

Tabla 5. Relación de elementos de las arquitecturas de empresa totales en las propuestas de alineación estratégica

Autores	Año	Elementos de arquitectura empresarial total		
		Framework	Metodología	Lenguaje de modelado
Cuenca[33]	2009	X	X	X
Maes et al.	2000	X		
Plaza ola et al.	2008			x
Wang et al.	2008		x	

Fuente: Elaboración propia, 2014.

4.4.8 Estado del arte conjunto entre alineación estratégica y colaboración empresarial

En esta sección se presenta una revisión y análisis de la literatura que combina las disciplinas de alineación estratégica y colaboración empresarial. Como se ha mencionado anteriormente, en la actualidad las empresas deben actuar de manera dinámica y anticipada ante las consecuencias de la globalización; la creciente competitividad en la que se ven envuelta las empresas, obliga a que estas busquen realizar acuerdos con sus socios comerciales, para lograr sinergias que les permitan generar una ventaja competitiva y sobrevivir en este ambiente de globalización. Adicionalmente el uso de tecnologías de información y comunicación en un entorno globalizado se hace indispensable para poder integrar y comunicar a los socios de la cadena o redes de suministro que desean colaborar, sin embargo es necesario que estos SI/TI se ajusten y soporten la estrategia del negocio global de la cadena de suministro.

4.4.9 Análisis comparativo de los modelos y marcos de alineación del negocio y SI/TI en entornos colaborativos

Los diferentes modelos y marcos propuestos para lograr la alineación del negocio y los SI/TI en complejos entornos colaborativos tienen más aspectos en común que diferencias, dado que el marco más completo, tiene en cuenta dos ámbitos (individual y de colaboración), para cada uno de estos ámbitos o niveles el marco tiene en cuenta los mismos aspectos pero en un nivel diferente (aspectos para la empresa individual y aspectos de integración con los socios en la colaboración).

Se realiza una comparación entre los diferentes marcos y modelos, las convenciones utilizadas se explican a continuación: el círculo azul con el visto bueno representa aquellos aspectos que los autores han llamado de la misma manera y que significan lo mismo; el triangulo amarillo con el signo de admiración representa aquellos aspectos que, aunque cada investigación le otorga un nombre diferente, puede considerarse que representan conceptualmente lo mismo y el círculo rojo con la "X", representan aspectos que no se han tenido en cuenta en el modelo.

A continuación se explicarán a mayor detalle las perspectivas en el ámbito colaborativo.

- Objetivos de negocio integrados: El propósito de esta perspectiva es lograr un conjunto de objetivos y metas conjuntas y coherentes, entre los diferentes actores que intervienen en la colaboración, que puedan ser usados para motivar la perspectiva de propuesta de valor integrada.

- Propuesta de valor integrada: Esta perspectiva se utiliza para representar el valor económico de lo que las empresas ofrecen a los demás y lo que piden en retorno o a cambio. En esta perspectiva también se representa el concepto de asociación entre los actores que intervienen en la colaboración.

- Procesos de negocios integrados: Esta perspectiva representa los procesos de negocio inter-organizacionales que se deben llevar a cabo para cumplir con la perspectiva de propuesta de valor integrada.

- Sistemas de información integrados: Esta perspectiva representa los componentes de software y hardware necesarios para poner en práctica la perspectiva de propuesta de valor integrada.

4.4.10 Análisis de los componentes de alineación estratégica en los modelos y marcos de alineación del negocio y SI/TI en entornos colaborativos.

Para realizar un análisis conceptual sobre los aspectos que tienen en cuenta los modelos propuestos de alineación del negocio conjunto y los SI/TI en entornos colaborativos, es recomendable identificar que componentes de las investigaciones sobre alineación estratégica cubren estos modelos, se han identificado los componentes necesarios definidos por las investigaciones. En el campo de la alineación entre los SI/TI y el negocio y se ha definido si cada uno de los componentes identificados está incluido dentro de cada uno de los tres modelos. La nomenclatura utilizada se explica a continuación: el circulo azul con el visto bueno significa que el componente de alineación está contemplado por el modelo utilizando el mismo nombre o similar, el círculo rojo con la "X" significa que el componente no está cubierto por el modelo y el triangulo amarillo con el signo de admiración significa que el componente no está definido en el modelo de forma explícita sino implícita.

4.4.11 Análisis de los elementos del proceso de planificación colaborativa incluidos en los modelos y marcos de alineación del negocio y SI/TI en entornos colaborativos.

Al igual que en la anterior sección se realizó un análisis comparativo entre los componentes que las investigaciones de alineación estratégica han identificado como esenciales y los modelos de alineación de negocio y SI/TI en entornos colaborativos, en esta sección se analizará la relación existente entre las fases del proceso de colaboración y los modelos de alineación de negocio y SI/TI en entornos colaborativos, con el objetivo de identificar que aspectos del proceso de colaboración cubren estos modelos, donde se detallan las fases del proceso de colaboración y se evalúa si estas han sido cubiertas por el modelo. Las convenciones utilizadas son las mismas que las de la tabla anterior.

Al contrario que en la anterior sección donde la mayoría de componentes de alineación estratégica estaban cubiertos por los modelos de alineación en entornos colaborativos, los aspectos o fases del proceso de colaboración en su mayoría no han sido contemplados por ninguno de los modelos, solo de forma implícita las fases de planificación del dominio local y el plan de intercambio han sido cubiertas en los tres modelos.

Lo anterior puede traducirse en que los modelos de alineación de entornos colaborativos se han preocupado más por conceptualizar la alineación en entornos de colaboración, que por proponer metodologías que garanticen la efectividad de estos conceptos dentro de los complejos procesos de colaboración.

4.5 RESULTADOS

Se plantea el concepto de Arquitectura Inter-Empresa (AIE), que busca la aplicación de las herramientas y metodologías de AE desarrolladas para la empresa individual, adaptándolas a un entorno de colaboración entre varias empresas que conforman redes o cadenas de suministro, con el objetivo de facilitar la integración de los procesos de colaboración de las empresas en sintonía con sus SI/TI que permitan armonizar los procesos conjuntos, reducir riesgos y redundancias, aumentar el servicio y respuesta al cliente, reducir costos tecnológicos y alinear el negocio conjunto con los SI/TI.

La implantación de una AIE, parte del establecimiento de un conjunto de directrices arquitectónicas que permitan asegurar un desarrollo integral entre los modelos y necesidades inter-empresa, con los procesos de negocio conjuntos y SI/TI. Este conjunto de directrices estratégicas de SI/TI debe partir de la planificación estratégica conjunta de las empresas y del reconocimiento de las estrategias y actividades de negocio que soportan dicha planificación, y que derivan en la información necesaria para la operación conjunta de las organizaciones, las tecnologías requeridas para soportar la operación conjunta y los procesos para implementar nuevas tecnologías como respuesta a los cambios y necesidades conjuntas de las organizaciones que intervienen.

El desarrollo de la AIE debe concebirse como la descripción integral y estructurada de los diferentes componentes que conforman la empresa conjunta, la cual debe ser efectuada por equipos interdisciplinarios que conocen muy bien las empresas, sus procesos y las líneas de negocio. La importancia de la AIE radica finalmente en su utilidad para la organización conjunta, la cual se mantendrá siempre y cuando se actualice cada vez que existan cambios en la planificación estratégica conjunta, cambios en los procesos vitales del negocio o cambios en los SI/TI que soportan los procesos vitales.

4.6 CONCLUSIONES

Con el propósito de fusionar e implementar tanto los principios de colaboración como los de alineación estratégica, se propone el uso de la ingeniería empresarial a través de la utilización de arquitecturas empresariales. Las arquitecturas empresariales son herramientas que proporcionan a la empresa conceptos, modelos e instrumentos que permiten la integración de los elementos que la conforman.

Las cadenas o redes de suministro son un conjunto de empresas relacionadas que forman las llamadas empresas extendidas, por lo que los principios de las arquitecturas empresariales pueden ser extendidos a este tipo de organizaciones colaborativas.

De las tres disciplinas analizadas en el estado del arte, la única que por el momento está estandarizada por organismos internacionales, es la de arquitecturas empresariales, lo cual es bastante importante y significativo, pues estos estándares buscan condensar todo el conocimiento en esta área. Los estándares analizados, dirigen sus esfuerzos especialmente en el modelado empresarial, proponiendo el uso de bloques constructivos para modelar la empresa, este tipo de lenguaje de modelado ha sido utilizado por varias arquitecturas de empresa total y es el que se usará en la siguiente fase de esta investigación.

En relación a las investigaciones que combinan el uso de la alineación estratégica, colaboración empresarial y arquitecturas empresariales, no se ha encontrado ningún artículo que tenga en cuenta al mismo tiempo estos tres campos del conocimiento, solo se han encontrado artículos que combinan de diferentes formas dos de estas tres disciplinas. Existiendo por tanto, una posible línea de investigación para profundizar.

En términos generales, existen pocas investigaciones que combinen por lo menos dos de los temas analizados: alineación estratégica y colaboración empresarial, 3 artículos; arquitecturas empresariales y colaboración empresarial, 4 artículos; y alineación estratégica y arquitecturas empresariales, 7 artículos. Donde más resulta extraño la falta de investigaciones combinadas es en temas de alineación estratégica y colaboración empresarial, pues estas dos áreas en los últimos años han sido ampliamente abordadas de forma independiente, y a decir verdad en los actuales entornos de colaboración empresarial resulta indispensable el uso de tecnologías que apoyen las operaciones inter-empresa, por lo que la estrategia de negocio conjunto debe guiar la estrategia de los sistemas de información y esta última debe facilitar la estrategia de negocio conjunto.

Las investigaciones que combinan temas de colaboración empresarial y arquitecturas empresariales, denominadas en este documento "arquitecturas de colaboración", en su mayoría no tienen en cuenta los tres elementos definidos como necesarios para la descripción de una arquitectura empresarial total: framework, metodología y lenguaje de modelado. La metodología además de ser un elemento esencial de la arquitectura, en un contexto inter-empresa debe incluir en su estructura el proceso de colaboración. Las investigaciones analizadas tienen en común la definición del framework que representa la arquitectura, todos estos frameworks se componen de vistas (algunas de ellas coincidentes entre sí) y niveles (todos nominativamente diferentes entre sí, pero algunos conceptualmente similares a diferentes grados de detalle). En cuanto al lenguaje de modelado, cada investigación propone diferentes tipos de lenguajes, obstaculizando la interoperabilidad de los modelos para futuras redes que trabajen con lenguajes de modelado diferentes, originando una posible línea de investigación en la que profundizar.

La mayoría de investigaciones que han tratado de manera conjunta los campos de alineación estratégica y arquitecturas empresariales, se han enfocado en describir de manera más detallada tan sólo uno de los elementos de las arquitecturas de empresa totales. Por lo que resultaría recomendable ampliar estos estudios para que se aborden los tres elementos de una manera detallada, logrando de esta forma explicar gráficamente por medio del framework la relación existente entre los elementos de la empresa (incluidas las vistas de negocio y SI/TI), explicando la forma de implementación de la arquitectura y como alcanzar la alineación a través de la metodología y con ayuda del lenguaje de modelado, describir de forma organizada e integral las relaciones existentes entre las vistas, fases del ciclo de vida y constructores.

En cuanto a las investigaciones que combinan los temas de alineación estratégica y colaboración empresarial, se han propuesto distintos modelos llamados en este documento, "modelos de alineación en entornos colaborativos". Estos modelos han sido analizados comparativamente desde dos perspectivas diferentes: la relación existente de los modelos con las teorías de alineación y la relación existente de los modelos con el proceso de colaboración descrito. Los resultados de este análisis revelan que los modelos tienen en cuenta en su estructura todos los aspectos conceptuales de la alineación estratégica, sin embargo los aspectos metodológicos del proceso de colaboración se echan en falta. Esto genera una posible línea de investigación, en busca de ampliar los modelos conceptuales de alineación en entornos colaborativos a modelos que proporcionen no solo aspectos teóricos sino que generen también aspectos prácticos como propuestas metodológicas que guíen en la implementación de los modelos de alineación en entornos colaborativos.

TERCERA PARTE

Ingeniería en Negocios y Gestión Empresarial

GUÍA PARA EL PROCESO DE ELABORACIÓN DE NOMINAS DE SUELDOS Y SALARIOS

[1]**Espinosa Águila Ma. Luisa,** [1]**Montiel García Adriana,** [1]**Hernandez González Rebeca**

[1]Ingeniería en Negocios y Gestión Empresarial, Universidad Tecnológica de Tlaxcala,

Carretera a El Carmen Xalpatlahuaya S/N, Huamantla, Tlax., MEXICO

5.1 RESUMEN

El presente trabajo fue diseñado para tener un ejemplo del manejo de nómina en donde encontraremos información sobre IMSS, INFONAVIT y de los diferentes procesos para la elaboración de ésta, dicha información contiene los siguientes datos. a). Percepciones Ordinarias y Extraordinarias y b). Deducciones Retenciones: ISR y cuota obrera de seguro social.

5.2 ABSTRACT

The present work was designed to have an example of the managing list in this work we will find information about IMSS, INFONAVIT and of the different processes for the production of list, the above mentioned information it contains the following information.

Perceptions. Ordinary and Extraordinary and Deductions. Retentions: ISR and working quota of social insurance.

5.3 INTRODUCCIÓN

El cambio es constante y lo podemos ver en todos los ámbitos: economía, ciencia, tecnología, salud, medicina, la lista es interminable, pero lo importante es adaptarse a esos cambios y no sólo verlos pasar. Para adaptarse en un mundo cambiante, sobre todo en el ámbito laboral, es necesario ser competente porque, de otra forma, se corre el riesgo de quedar rezagado.

Por lo que respecta a la función de elaborar nóminas de sueldos y salarios es importante para todas las empresas controlar los pagos que efectúan a sus trabajadores a través de registros o documentos que comprueben el cumplimiento de la obligación conforme lo establecen las disposiciones legales que regulan la relación laboral.

5.4 DESARROLLO

5.4.1 Conceptos de Recursos Humanos

En la administración de empresas, se denomina recursos humanos (RRHH) al trabajo que aporta el conjunto de los empleados o colaboradores de una organización. Pero lo más frecuente es llamar así a la función o gestión que se ocupa de seleccionar, contratar, formar, emplear y retener a los colaboradores de la organización. Estas tareas las puede desempeñar una persona o departamento en concreto los profesionales en Recursos Humanos junto a los directivos de la organización. Recursos Humanos, también conocido como Potencial Humano o Activo Humano, hace referencia al conjunto de trabajadores, empleados o personal que conforma un negocio o empresa.

Los recursos humanos de una empresa son, de acuerdo a las teorías de administración de empresas, una de las fuentes de riqueza más importantes ya que son las responsables de la ejecución y desarrollo de todas las tareas y actividades que se necesiten para el buen funcionamiento de la misma. Se designa como recursos humanos al conjunto de trabajadores o empleados que forman parte de una empresa o institución y que se caracterizan por desempeñar una variada lista de tareas específicas a cada sector.

5.4.2 Conceptos de Nominas

Una **nómina** es un recibo individual de salarios, referido a meses naturales. La preparación de cheques o de la transferencia bancaria de nómina constituye una función generalmente separada del mantenimiento de los registros que muestran el salario, cargo, tiempo de trabajo, deducciones y devengados, adiciones de nómina y demás datos relacionados con el personal, que deberán conservarse con el comprobante del abono y los boletines de cotización a la Seguridad Social.

5.4.3 Sueldos y Salarios

Son las más comunes y las que prácticamente todos conocen, estas están hechas con muchos conceptos para deducciones y percepciones y al final dan un bruto a pagar.

5.4.4 Instituto del Seguro Social (IMSS)

Es una Institución del gobierno federal, autónoma y tripartita (Estado, Patrones y Trabajadores), dedicada a brindar servicios de salud y seguridad social a la población que cuente con afiliación al propio instituto, llamada entonces asegurado y derechohabiente. Actualmente todas las personas físicas o morales que contraten personal tienen la obligación, de acuerdo a las diversas disposiciones legales, de elaborar nóminas.

El proceso de la elaboración de la nómina implica una serie de pasos secuenciados que dan como resultado el importe que se cubre a cada trabajador por un determinado tiempo y por realizar las actividades convenidas en un puesto de trabajo. En este sentido, las empresas elaboran la nómina mediante procedimientos manuales o electrónicos.

Por lo anterior, es importante considerar que el pago que se realiza al trabajador sea calculado de forma eficiente y con apego a las leyes que regulan las percepciones y deducciones que corresponden al trabajador. Además siempre se debe tener cuidado en la elaboración de la nómina porque en caso de revisión por parte de la Secretaria de Trabajo y Previsión Social.

Social, la Secretaria de Hacienda y Crédito Público mediante el SAT y el Instituto Mexicano del Seguro Social entre otras instancias, al encontrar errores serán sancionadas las empresas de forma económica.

5.4.5 Datos Generales de la Nómina

Los datos que generalmente se requieren registrar en la nómina son los que a continuación se ubican en la Tabla 6.

Tabla 6. Datos generales de la nómina

DATOS DEL PATRÓN	DATOS DEL TRABAJADOR	OTROS DATOS
Nombre de la empresa o razón social	Número del trabajador	Periodo
RFC	Nombre del trabajador	Fecha
Registro patronal del IMSS	CURP	Turno
Número de registro del INFONAVIT	RFC	Percepciones
Clasificación de grado de riesgo	Número de seguridad social	Deducciones
	Puesto	Neto a pagar
		Firma

Fuente: Elaboración propia, 2014.

5.4.6 Salario Base de Cotización (SBC)

El dato de salario base de cotización se integra de la siguiente forma:

Salario por día		$100.00
Aguinaldo por día	+	15X100/365= 4.10
Prima vacacional por día	+	6X100X.25/365= .41
SBC		= $104.51

El aguinaldo por día se determina con los 15días de salarios a que tiene derecho el trabajador en un año y el resultado se divide entre los 365 días del año.

La prima vacacional por día se determina con los 6 días de salario por vacaciones y el resultado se divide entre 365 días del año.

Las prestaciones ordinarias se consideran como las remuneraciones en dinero a que tiene derecho a cobrar el trabajador por la prestación de sus servicios de forma permanente bajo las disposiciones legales y los contratos individuales o colectivos.

Tipos de prestaciones ordinarias

- Salario

- Aguinaldo

- Prima vacacional

- Transporte

- Alimentos

- Participación de los trabajadores en las utilidades (PTU)

El salario mínimo es la cantidad menor que debe recibir en efectivo el trabajador por los servicios prestados en la jornada de trabajo.

Los SMG pueden ser por zona económica (A y B). Para el año 2014:
Zona "A" $67.29

Zona "B" $63.77

Se consideran prestaciones extraordinarias, las remuneraciones que obtiene el trabajador por exceder la jornada de trabajo o por actividades realizadas fuera de su horario de trabajo; así como por situaciones especiales.

Tipos de prestaciones extraordinarias

- Tiempo extraordinario

- Premio de puntualidad

- PTU

- Comisiones

- Prima dominical

- Días festivos

5.4.7 Retención del ISR

La Constitución Política de los Estados Unidos Mexicanos, establece como obligación de los mexicanos contribuir para los gastos públicos, así de la Federación, como del Distrito Federal o del Estado en que residan, de la manera proporcional y equitativa que dispongan las leyes. Las contribuciones se clasifican en:

- Impuestos: ISR, IVA, entre otros.

- Aportaciones de seguridad social: IMSS e INFONAVIT.

- Contribuciones de mejoras: alumbrado, alcantarillado, parques, entre otros.

- Derechos: Cuotas por servicios de agua, registro de nacimiento, licencia de conducir, entre otros.

Todas las contribuciones contienen los siguientes elementos:

- Sujeto. Es la persona que está obligada a contribuir.

- Objeto. Es la cosa, situación o hecho generador de la contribución.

- Base. Es la cuantía sobre la cual se calcula la contribución.

- Tasa o tarifa. La primera es un porcentaje y la segunda es una lista.

La Ley del Impuesto Sobre la Renta establece que las personas físicas están obligadas a pagar el impuesto cuando sean residentes en México por obtener ingresos en efectivo y bienes.

No se pagará ISR por la obtención de los siguientes ingresos:

- Tiempo extraordinario.- Cuando el trabajador reciba el salario mínimo general, hasta 9 horas, en caso de exceder estará gravado. Para los demás trabajadores que ganan más del SMG, las primeras 9 horas estarán exentas hasta el 50 % siempre y cuando no excedan cinco veces el SMG del área geográfica del trabajador por cada semana de servicios, en caso de exceder se grava.

- Aguinaldo o gratificaciones.- Que reciben los trabajadores de sus patrones durante un año de calendario, hasta el equivalente del salario mínimo general del área geográfica del trabajador elevado a 30 días.

- Prima vacacional y PTU.- Equivalente a 15 días de SMG del área geográfica.

- Primas dominicales.- Hasta un SMG por cada domingo.

El cálculo de la retención se realiza de acuerdo al periodo de pago (semanal, quincenal o mensual).

Ingreso gravable	X
(-) Límite inferior	X
(=)Excedente del límite inferior	X
(*)Tasa sobre el límite inferior	X
(=)Impuesto marginal	X
(+) Cuota fija	X
IMPUESTO MENSUAL	X

El patrón tendrá el carácter de retenedor de las cuotas que descuente a sus trabajadores y deberá determinar y enterar al IMSS las cuotas obrero-patronales. En tanto que el patrón no presente al Instituto el aviso de baja del trabajador, subsistirá su obligación de cubrir las cuotas obrero- patronales respectivas. El pago de las cuotas obrero-patronales será por mensualidades vencidas a más tardar los días diecisiete del mes inmediato siguiente.

A continuación se presenta en las tablas 7 y 8, en el que se ubican los porcentajes (%) que le corresponde a los seguros que deberá cubrir el trabajador y que el patrón tendrá la obligación de retener.

Tabla 7. Porcentajes que corresponde a los asegurados

SEGURO	FUNDAMENTO	CONCEPTO		TASA (%)
Enfermedad y maternidad	Artículo 106, fracción I. LSS	Prestaciones en especie	Cuota fija por todos los trabajadores	0.007% de SBC
	Artículo 106, Fracción II. LSS	Prestaciones en especie	Cuota adicional por trabajadores con SBC	1.04% sobre la diferencia del SBC – tres SMG
	Artículo 25. LSS	Prestaciones en especia		0.375 % del SBC
	Artículo 107, fracciones I y II. LSS	Prestaciones en dinero		0.25% del SBC
Invalidez y vida	Artículo 147. LSS			0.625% del SBC
Cesantía en edad avanzada y vejez	Artículo 168, fracción II. LSS	Cesantía en edad avanzada y vejez		1.125% del SBC

Fuente: Elaboración propia, 2014.

Tabla 8. Cuota fija de ley del seguro social

CONCEPTO	PATRÓN	TRABAJADOR	TOTAL		FUNDAMENTO
ENFERMEDAD Y MATERNIDAD					
a) Cuota Fija para ingresos de hasta 3 S.M.G.D.F. (1)	20.40%	No aplica	20.40%	106-I	L.S.S.
b) Cuota sobre excedente de más de 3 S.M.G.D.F. (2)	1.10%	0.40%	1.50%	106-II	L.S.S.
c) Prestaciones en dinero de los trabajadores activos	0.70%	0.25%	0.95%	107	L.S.S.
d) Prestaciones en especie de los trabajadores pensionados	1.050%	0.375%	1.43%	25	L.S.S.
RIESGO DE TRABAJO MÍNIMO (3)	0.50%	No aplica	0.50%	73	L.S.S.
INVALIDEZ Y VIDA (4)	1.750%	0.625%	2.38%	147-148	L.S.S.
GUARDERÍAS Y PRESTACIONES SOCIALES	1.00%	No aplica	1.00%	211	L.S.S.
SEGURO DE RETIRO	2.00%	No aplica	2.00%	168	L.S.S.
CESANTÍA EN EDAD AVANZADA Y VEJEZ (4)	3.150%	1.125%	4.28%	168	L.S.S.
APORTACIONES INFONAVIT (4)	5.00%	No aplica	5.00%	29-II	L.INF.

MENSUALES   BIMESTRALES   Fuente: Elaboración propia, 2014.

Ejemplo cálculo de la retención de la cuota

Ejemplo de cálculo de la retención de la cuota que le corresponde a un trabajador que tiene como sueldo ordinario por día $100.00, el SBC $104.51 (no rebasa tres SMG del D.F.) y el periodo de pago es quincenal.

SBC por quincena (104.51X15 días) = $1,567.65

Cálculo del seguro de enfermedad y maternidad

Prestaciones en especie	0.375
Prestaciones en dinero	+ 0.25
Total de la cuota	0.625

SBC quincenal		$1,567.65
Cuota del S.deE.y M.	X	0.625%
Importe de la cuota	=	$9.79

Cálculo del seguro de invalidez y vida

SBC quincenal		$1,567.65
Cuota del S de I y V	X	0.625%
Importe de la cuota	=	$9.79

Cálculo del seguro de cesantía en edad avanzada y vejez

SBC quincenal		$1,567.65
Cuota del C.E.A y V	X	1.125%
Importe de la cuota	=	$17.63

Cálculo del importe de la retención que corresponde al trabajador en la quincena.

S.E.y M	$9.79
S.I y V	$9.79
S.C.E.A y V	$17.63
Retención	$ 37.21

5.4.8 Calculo del ISPT

Ejemplo 1 salario 104.51

Salario (por) 15 dias,31(según sea el caso)	104.51 * 15 = 1567.65
(Menos) Límite inferior (tabla ISR)	244.81
=	= 1322.84
(por) porciento para aplicarse	X 6.40%
Sobre el excedente del límite inferior	
(mas) cuota fija	+ 4.65
=	= 89.31

Ejemplo salario 271.74

Salario (por) 15 dias,31(según sea el caso)	271.74 * 15 = 4076,10
(Menos) Límite inferior (tabla ISR)	3,651.01
=	= 425.09
(por) porciento para aplicarse	X 16.00%
Sobre el excedente del límite inferior	
(mas) cuota fija	+ 293.25
=	= 361.26

5.4.9 Tipos de deducciones

Algunos de las deducciones a los trabajadores se relacionan por acuerdos con el sindicato y con la empresa, entre los cuales se encuentran.

- Cuotas sindicales

- Por préstamos otorgados

- Fondo de ahorro

Cálculo de las deducciones

Cuota sindical: Se aplica un porcentaje (1% o más) al salario o sueldo

Ejemplos de un sueldo quincenal:	$ 1,500.00 X 1%= $15.00
Ejemplo de un sueldo mensual:	$ 6,479.93X1%= 64.79

Los préstamos otorgados y el fondo de ahorro se descontarán de acuerdo a lo establecido a la LFT y a las políticas de la empresa.

5.5 RESULTADOS

En la elaboración de nominas se deben considerar varios aspectos que facilitan y optimizan, el trabajo tales como una guía de normas y procedimientos; el cumplimiento de la normativa legal que rige para las asignaciones y deducciones y un control eficaz. La elaboración de las nóminas requiere de una serie de actividades que van, desde la información general de cada uno de los trabajadores, hasta el cálculo de las percepciones y deducciones.

5.6 CONCLUSIONES

Al concebir una relación obrero-patronal surgen una serie de derechos y obligaciones para ambas partes, los trabajadores desde le inicio de la relación laboral tienen privilegio a ciertas prestaciones que son irrenunciables como son vacaciones, prima vacacional, aguinaldo y la participación de los trabajadores en las utilidades, mismas que son regidas por la Ley Federal del Trabajo.

En cuestión de impuestos se mostro la manera en que se debe calcular la cuota obrero-patronal y el gravamen que deberá ser retenido a los trabajadores. El objetivo de esta investigación es ser un instrumento de apoyo, que facilite la comprensión y aplicación de todas aquellas nociones que intervienen en la elaboración de una nomina, basados en los fundamentos legales que los rigen.

CUARTA PARTE

Ingeniería en Mantenimiento Industrial

CONTROL Y MONITOREO DE TEMPERATURA CON EL EQUIPO POCKET TRAPMAN EN SÍNTESIS ORGÁNICAS

[1]**Martínez Carmona Romualdo** [1] **Sosa Hernández José Víctor,** [2]**Carmona Reyes Jonny**

[1]Ingeniería en Mantenimiento Industrial,
Universidad Tecnológica de Tlaxcala,

Carretera A el Carmen Xalpatlahuaya, Huamantla Tlaxcala, MÉXICO

[2] Maestría Área Automatización y Control,
Universidad Politécnica de Tlaxcala

Km. 9.5 Carr. Federal Tlaxcala – Puebla,
Av. Universidad Politécnica No. 1

Xalcaltzinco, Tepeyanco, Tlaxcala C.P. 90180. MÉXICO

6.1 RESUMEN

En este proyecto se realizó un estudio a componentes importantes en el proceso de la elaboración del anhídrido ftálico, de la empresa síntesis orgánicas de grupo IDESA en donde se adquieren conocimientos para el manejo, uso y precaución en trampas de vapor. Para ello aprenderemos la utilización del equipo de medición llamado Pocket

Trapman Pt1 utilizado para el monitoreo de trampas de vapor, la identificación de los tipos existentes en el mercado de trampas de vapor. También, aprenderemos la utilización de una serie de procedimientos que se describirán en este documento, por ejemplo, el procedimiento para realizar una toma de temperatura, el equipo necesario para su inspección la correcta identificación del punto a medir, la configuración del equipo, la identificación del tipo de trampa y las observaciones de seguridad antes de realizar una toma de datos dentro del área de proceso. Se menciona la importancia del mantenimiento centrado en confiabilidad en grupo IDESA, el cual es el encargado de eficientar el mantenimiento de un activo, para reducir al mínimo la probabilidad de sus fallas y generar un plan de mantenimiento adecuado conforme a las necesidades que los equipos y el proceso requieren para un mejor funcionamiento y una mejor productividad.

6.2 ABSTRACT

As soon as the vapor leaves the boiler it begins to give part from its energy to any surface of smaller temperature. When making this, it leaves of the vapor he/she condenses becoming water, practically to the same temperature. The combination of water and vapor makes that the flow of heat is smaller since the coefficient of transfer of heat of the water is smaller than that of the vapor. Of here we can give ourselves bill of the importance of the traps of vapor for a company that uses some team heated with vapor. The advantages of using traps are many, naming some of the most common the one of big quantities of the fuel required to heat the immense quantities of water that economizing that with it takes to a saving in the non-worthless costs. Keeping in mind the energy that can surrender when working with vapor is that in the market several types of traps of vapor exist, which are divided by groups that are mechanical, thermodynamic and thermostatic.

6.3 INTRODUCCIÓN

El proceso para la elaboración del Anhídrido Ftálico consta de cuatro pasos, los cuales se mencionan a continuación Tabla 9.

1. Oxidación.

2. Condensación.

3. Destilación.

4. Envasado.

Tabla 9. Nomenclatura de equipo

EQUIPO	DESCRIPCIÓN
N-104	Turbina
C-103	Soplador de Aire
E-105	Intercambiador de calor VAP-AIR
M-106	Mezclador de Orto-Xileno
E-108	Intercambiador de Calor Resistencia
DK-1001	Tanque de almacenamiento de Orto-Xileno
P-108	Bomba de Recirculación de Sal
E-109	Intercambiador de Calor Sal-Agua
E-110	Enfriador Primario
E-111	Enfriador Secundario
E-113	Enfriador de Aceite RD
E-118	Calentador de Gilotherm
E-112-A/B/C	Condensadores
E-121	Calentador de Gases
K-122	Unidad de post Combustión
R-119	Tanque de A-F crudo
K-202	Reactor de Tratamiento
E-207	Intercambiador de Calor
D-205	Columna de Destilación
E-206	Intercambiador de Calor
E-210	Intercambiador de calor Hervidor
E-208	Columna de Destilación
E-209	Condensador columna Reactor
R-300	Tanque de A-F refinado
Z-401-A	Ensacador de Producto

Fuente: Elaboración propia, 2014.

El anhídrido ftálico o pan se obtiene por oxidación catalítica del orto xileno con oxígeno del aire este proceso involucra tres etapas.

1. Oxidación del orto xileno con oxígeno del aire en fase gaseosa.

2. Remoción del anhídrido ftálico crudo por condensación de fase gas a estado sólido.

3. Purificación del anhídrido ftálico por destilación.

Todas estas operaciones continúan con las reacciones principales de la siguiente figura 18.

$$C_8H_{10} + 3O_2 \longrightarrow C_8H_4O_3 \ (PAN) + 3\,H_2O$$
$$C_8H_{10} + 7.5\,O_2 \longrightarrow C_4H_2O_3 + 4\,CO_2 + 4\,H_2O$$
$$C_8H_{10} + 6.5\,O_2 \longrightarrow 8\,CO + 5\,H_2O$$
$$C_8H_{10} + 10.5\,O_2 \longrightarrow 8\,CO_2 + 5\,H_2O$$

Figura 18. Composición química

6.3.1 Características del anhídrido ftálico

• Punto de fusión 131°C

• Color al fundido 5-20 unidades apha

• Estabilidad térmica 10-40 unidades apha

6.3.2 Aplicaciones

Resina poliéster insaturada, la cual tiene múltiples aplicaciones, como pueden ser en la elaboración de botes, muebles de baño (Refuerzos de spas y tina de hidromasaje, lavamanos, tarjas y WC), bases de cocina, sillas, concreto polimérico, losetas, auto partes, tuberías, tanques de almacenamiento.

6.3.3 Descripción proceso sosa

El proceso comienza con la descarga del orto-xileno a los tanque de almacenamiento, de ahí empieza con el bombeo de orto-xileno por las bomba P-100 A/B orto-xileno que se encuentra almacenado en los domos, estos domos tienen una duración de vació de 20 días. Es un líquido inflamable por lo cual debe almacenarse lejos de posibles Fuentes de ignición. También produce irritación en la piel y bajo una exposición prologada causa envenenamiento. Por lo que se tienen que tomar las medidas de seguridad indicadas para el trabajo de este proceso.

6.3.4 Proceso de oxidación

Posteriormente se genera aire caliente a 180° por medio de la turbina N-104 para que después se pueda mezclar los dos componentes orto-xileno y aire. Esta turbina cuenta con un sistema de succión de aire S-103 y un soplador C-103. Cuando se genera el aire caliente a 180° se comienza a mezclar los dos componentes. Después de ese proceso se tiene la entrada de mezcla a los reactores K-107-A/B el producto mezclado es llevado a los reactores, donde por medio de sal eutéctica el mezclado es enfriado pero sin que ambos hagan contacto entre sí. Posteriormente el material es llevado a un enfriador sobrecalentado ser condensado. En estos equipos E-110 que es el sobrecalentado y el E-111 que es el economizador se encargan para atrapar el calor de los gases y después se vuelven a procesar, para servir como fuente de alimentación de la turbina.

6.3.5 Proceso de condensación

El siguiente paso es la entrada de gases a los condensadores SWITHC E-112-A/B/C que es la condensación donde por medio de cambios de temperatura bruscas el material es tratado para eliminar los gases indeseables, aquí se utiliza un tipo de aceite especial para enfriar los gases y por medio de serpentines internos hace que el aceite circule caliente o frío. Una vez terminada la condensación los gases indeseables se desechan y se realiza un drenado de A-F en el domo R-119 el desecho que sale se le llama carbón o brea, de este modo el material es llevado a la torre de destilación para realizar el proceso de purificación de A-F.

6.3.6 Proceso de destilación

En este sistema de destilación se utiliza un aceite TH que soporta hasta 180° y transita por el domo de destilación por medio de serpentines para liberar gases ligeros del A-F. Este aceite es calentado por medio de una caldereta.

6.3.7 Proceso de envase

Cuando el A-F está listo para envasar, se manda a unos equipos llamados escamadores, el A-F pasa por unas superficies exteriores y adentro de los escamadores hay agua fría la cual al hacer contacto con el producto se solidifica en su exterior. Por medio de cuchillas se despega el A-F del cilindro del escamador el cual viene siendo escamas de polvo blanco lo que es el A-F. Posteriormente el producto solidificado se concentra en unas tolvas donde se ensacan para ser almacenado.

6.3.8 Mantenimiento centrado en confiabilidad

Mantenimiento centrado en confiabilidad es definido como el proceso para determinar que debe hacerse para asegurar que cualquier activo físico continúe desempeñando las funciones deseadas, para cubrir los requisitos de nuestros clientes, en su actual contexto operativo. Es un método de amplia utilización para las necesidades de mantenimiento de cualquier tipo de activo físico en su entorno de operación. Método que identifica las funciones de un sistema, la forma en que esas funciones pueden fallar y que establece la prioridad de tareas de mantenimiento preventivo aplicables y efectivas basada en consideraciones relacionadas con la seguridad y la economía del sistema.

6.3.9 Beneficios

- Detectar los fallos tempranamente, para que así puedan ser subsanados rápidamente y con las mínimas interrupciones al funcionamiento del sistema.

- Eliminar las causas de algunos fallos antes de que tengan lugar.

- Eliminar las causas de fallos antes de que tengan lugar mediante cambios en el diseño.

- Identificar aquellos fallos que puedan producirse sin generar mermas en la seguridad del sistema.

6.3.10 Concepto del MCC

El MCC sirve de guía para identificar las actividades de mantenimiento con sus respectivas

Frecuencias a los activos más importantes de un contexto operacional. Esta no es una fórmula matemática y su éxito se apoya principalmente en el análisis funcional de los activos de un determinado contexto operacional, realizado por un equipo natural de trabajo. El esfuerzo desarrollado por el equipo natural permite generar un sistema de gestión de mantenimiento flexible, que se adapta a las necesidades reales de mantenimiento de la organización, tomando en cuenta, la seguridad personal, el ambiente, las operaciones y la razón coste/ beneficio. En otras palabras el MCC es una metodología que permite identificar estrategias efectivas de mantenimiento que permitan garantizar el cumplimiento de los estándares requeridos por los procesos de producción.

6.3.11 Características generales del MCC

- Herramienta que permite ajustar las acciones de control de fallos (estrategias de mantenimiento) al entorno operacional.

- Metodología basada en un procedimiento sistemático que permite generar planes óptimos de mantenimiento / produce un cambio cultural.

La metodología MCC propone un procedimiento que permite identificar las necesidades reales de mantenimiento de los activos en su contexto operacional, a partir del análisis de las siguientes siete preguntas.

1. ¿Cuál es la función del activo?

2. ¿De qué manera pueden fallar?

3. ¿Qué origina la falla?

4. ¿Qué pasa cuando falla?

5. ¿Importa si falla?

6. ¿Se puede hacer algo para prevenir la falla?

7. ¿Qué pasa si no podemos prevenir la falla?

6.3.12 Tipos de trampas de vapor

Una trampa de vapor es una válvula automática cuya misión es descargar condensado sin permitir que escape vapor vivo. La eficiencia de cualquier equipo o instalación que utilice vapor está en función directa de la capacidad de drenaje de condensado; por ello es fundamental que la purga de condensados se realice automáticamente y con el diseño correcto. Siendo las trampas de vapor la llave para optimizar el drenaje del condensado en los sistemas de vapor, estas deben cumplir con tres funciones básicas:

- Drenar los condensados, manteniendo las condiciones de presión y temperatura del vapor requeridos en los procesos

- Eliminar el aire y otros gases no condensables pues el aire y los gases disminuyen el coeficiente de transferencia de calor.

- Evitar pérdidas de vapor de alto contenido energético, así como agua del sistema.

Tomando como base su principio de operación las trampas de vapor se clasifican en tres tipos básicos:

- Mecánica: cuya operación se basa en la diferencia de densidades del vapor y del condensado

- Termostática: que opera por diferencia de temperatura entre el vapor y el condensado.

- Termodinámica: basada en el cambio de estado que sufre el condensado.

6.3.13 Trampas mecánicas

Las trampas de balde (cubeta) invertido han mostrado perdidas menores bajo condiciones de baja carga. Esto se debe a las pérdidas de vapor a través del orificio de venteo. La trampa de flotador puede y debe ser aislada para que no se afecte su operación, el aislamiento de la trampa de cubeta invertida afectara su operación lentamente, lo cual en algunos casos puede ocasionar inundaciones.

6.3.14 Trampas tipo flotador con venteo termostático

La de flotador es una trampa donde la válvula y el asiento están normalmente inundados, por lo que no se pierde vapor a través de aquella. Sin embargo, la trampa es relativamente grande y pierde calor suficiente por radiación al arranque la baja presión en el sistema fuerza al aire a salir por el venteo termostático, normalmente después se tiene una gran cantidad de condensado que eleva el flotador y abre la válvula principal, el aire sigue descargando por el venteo termostático.

Cuando el vapor llega a la trampa, el venteo termostático se cierra al responder a la temperatura más alta el condensado sigue fluyendo a través de la válvula principal la cual se abre de acuerdo con la posición del flotador. La temperatura de la válvula es suficiente para descargar el condensado, con la misma rapidez con que llega, cuando se ha acumulado aire en la trampa la temperatura cae por debajo de la del vapor saturado, en ese momento el venteo térmico se abre y el aire se descarga.

6.3.15 Características

- Excelente para trabajar en procesos con presión modulante.

- La descarga del condensado es continua.

- No hay fugas de vapor vivo en operación normal.

- El tiempo de vida útil es alto con una adecuada instalación.

- Cuando existe contra-presión en la línea de retorno disminuye su capacidad de descarga de condensado.

- La suciedad puede obstruir la descarga de condensado de la trampa.

- No resiste golpes de apriete.

- Absorbe variaciones de flujo en el condensado.

6.3.16 Trampas termostáticas

Bajo condiciones normales las trampas termostáticas retienen el condensado hasta que se enfría una parte del mismo permaneciendo cerrada la válvula principal y evitando que aparezcan pérdidas. Desafortunadamente esto puede causar inundaciones en los equipos lo que reduce la capacidad de calentamiento e incrementa el consumo de vapor necesario para lograr la temperatura deseada este consumo adicional de energía se atribuye a la operación deficiente de la trampa de vapor.

La situación puede cambiar bajo condiciones sin carga ya que las pérdidas de calor del cuerpo de la trampa enfría el condensado que se encuentra alrededor del elemento provocando que la válvula se abra con lo cual una pequeña cantidad de condensado es descargado y reemplazado por vapor, sim embargo debido a la histéresis el elemento responde con un breve retraso y un poco de vapor vico se pierde.

6.3.17 Forma de operación

Al arranque el condensado y el aire son empujados por el vapor directamente a través de la trampa, el elemento de fuelle termostático está completamente contraído y la válvula permanece abierta hasta que el vapor llega a la trampa.

Cuando la temperatura dentro de la trampa se incrementa el elemento de fuelle se calienta rápidamente y la presión del vapor dentro de él se incrementa cuando la presión dentro del fuelle es igual a la presión en el cuerpo de la trampa la característica elástica del fuelle resulta en que este se expanda, cerrando la válvula.

Cuando la temperatura en la trampa se reduce unos cuantos grados debajo de la temperatura de vapor saturado se produce un desbalance en las presiones que contraen con el que se abre nuevamente la válvula, una caída en la temperatura causada por el condensado o los gases no-condensables enfría y reduce la presión dentro del fuelle permitiendo al fuelle despegarse del asiento de la válvula.

6.3.18 Características

- Puede trabajar en procesos con presión constante o modulante.

- La descarga del condensado y/o aire (gases no-condensables) es intermitente.

- No hay fugas de vapor vivo ya que trabaja por temperatura.

- Cuando existe contra-presión en la línea de retorno la trampa puede quedar abierta.

- La suciedad puede obstruir los orificios de descarga.

- Abre solamente cuando el condensado esta sub-enfriado.

6.3.19 Trampas termodinámicas

Las trampas termodinámicas pierden algo de vapor en condiciones de baja carga, el condensado a una temperatura cercana a la del vapor produce vapor instantáneo o flash que al salir por el orificio causa que la trampa cierre, el condensado está en el lado de la corriente de salida y la inundación asegura que no se pierda vapor a través de la trampa. Pero el calor se libera por el bonete de la válvula y la trampa abrirá periódicamente en condiciones de baja carga el condensado en la corriente de salida puede llegar a escapar requiriendo la trampa vapor vivo para cerrarse.

6.3.20 Forma de operación

Al arrancar el condensado y el aire entran a la trampa y pasan por la cámara de calentamiento alrededor de la cámara de control y a través de los orificios de entrada este flujo separa el disco de los orificios y permite que el condensado fluya por los conductos de salida. El vapor ingresa por los conductos de entrada y fluye hasta debajo del disco del control, la velocidad de flujo a lo largo de la cara del disco se incrementa produciéndose una reducción en la presión que jalara al disco hacia el asiento cerrando la trampa.

El disco se apoya en las dos caras concéntricas del asiento cerrando los conductos de entrada atrapando el vapor y condensado arriba del disco, hay una purga controlada del vapor y vapor flash en al cámara de control para ayudar a mantener la presión en la cámara de control para ayudar a mantener la presión en la cámara de control. Cuando la presión arriba del disco se reduce, la presión a la entrada separa el disco de su asiento, si existe condensado se descarga y básicamente se repite el ciclo.

6.3.21 Características

- Puede trabajar en procesos con presión constante o modulada.

- La descarga del condensado es intermitente.

- Hay fugas de vapor vivo cuando no hay condensado.

- El tiempo de vida útil es muy bajo por su naturaleza de operación.

- Cuando existe contra-presión en la línea de retorno puede quedar cerrada.

- La suciedad puede obstruir los orificios de descarga.

- No reconoce la presencia de condensado en la línea.

6.3.22 Trampas bimetálicas

Esta trampa utiliza el calor sensible en el condensado juntamente con la presión de la línea para abrir y cerrar el mecanismo de la válvula por medio de un dispositivo que se expande y se contrae según la temperatura. El sistema de la válvula y su asiento están arreglados en tal forma que producen una condición de flujo abajo del asiento.

La presión de suministro tiende a abrir la válvula, los elementos bimetálicos tienen forma de pequeños discos y están arreglados de tal manera que cierran la válvula cuando la temperatura aumenta, la fuerza de cierre está en oposición a la fuerza para abrir, creada por la presión de la línea.

6.3.23 Trampas de expansión

Las trampas de expansión, se caracterizan por su alta sensibilidad de respuesta, son ideales para intercambiadores de calor cuyo funcionamiento se ve notablemente perturbado si se acumulan pequeñas cantidades de condensado, funcionan en cualquier posición previa o con contrapresión. La operación de la trampa de expansión es similar a las otras trampas termostáticas.

Un fuelle o cilindro lleno de líquido que se dilata con la temperatura cierra la válvula en presencia de vapor. En estas trampas, el elemento sensible se encuentra a la salida o sea que se detecta la temperatura del condensado que sale. Puede calibrarse el elemento para abrir la válvula a la temperatura deseada, esta trampa opera independientemente de la presión del sistema de vapor.

6.4 DESARROLLO

6.4.1 Principio de operación del Pocket Trapman

Cuando un fluido pasa rápidamente a través de un orificio pequeño, este genera un orificio ultrasónico, cuando un fluido se fuga a través del centro de una trampa de vapor o válvula, éste emite un sonido ultrasónico (ultrasónico refiere a sonidos con un rango de muy alta frecuencia, por lo que están por encima de la capacidad de audición humana.

Como el ultrasonido es generado por cualquier fuga, tal vez muy pequeña, para que alguna persona la oiga, medirla permite la detección temprana de deterioro en trampas de vapor. Los líquidos generan muchos sonidos ultrasónicos de bajos niveles, el PT1 puede ser sólo un sistema usado en trampas de vapor, válvulas instalas en trampas de vapor, o válvulas instaladas en vapor, aire y otros sistemas de gases.

6.4.2 Correlación entre la intensidad del ultrasonido y la fuga de vapor

Hay una correlación entre la intensidad del ultrasonido generado por una fuga y la cantidad de vapor fugando. El pocket trapman juzga la condición en que opera la trampa al medir la intensidad del ultrasonido y compararlo con una serie de valores estándar medidos con gran precisión en experimentaciones previas.

6.4.4 Procedimientos correctos de medición

El ultrasonido y la temperatura superficial no pueden ser medidos correctamente si la superficie de medición es curveada tiene un acabado áspero o está cubierta de pintura, suciedad, corrosión u oxido. Lime el punto de medición hasta lograr una región lisa y plana con un diámetro de 8mm mínimo.

6.4.5 Asiente la punta

Sostenga el PT1 de forma que la punta quede perpendicular a la superficie de medición, si la punta se está balanceando o forma un ángulo con la superficie no se puede asegurar la medición correcta porque hay un contacto inestable. Trate de mantener la punta lo más perpendicular y firme posible mientras dure la medición (15 segundos).

6.4.6 Punto de medición consistente

Siempre haga las mediciones en el mismo punto si los puntos de medición son diferentes, los datos resultantes también serán diferentes. Especialmente cuando trate de encontrar tendencias en las mediciones a lo largo del tiempo si el punto de medición cambia con cada medición es muy probable que sea difícil identificar la tendencia lo que provocara resultados erróneos. Primero determine un punto de medición apropiado y luego haga las mediciones en el mismo punto todas las veces. Para hacerlo más sencillo marque el punto de medición pero al hacerlo evite rayar la superficie o dejar agujeros en ella ya que serán causa de mediciones incorrectas.

6.4.7 Preparación de la superficie a medir

Los sonidos ultrasónicos y la temperatura de la superficie no pueden ser medidas si estas se encuentran en malas condiciones o sucias. Estas deben estar libres de óxido, pintura o algún otro tipo de suciedad o en textura rugosa ya que esta impide que la punta de la probeta no se acople bien a la superficie, ahora bien para eso se lija la superficie o se lima en algunos casos para que la medición sea correcta.

6.4.8 Descripción de la operación

1. Se enciende el Pocket Trapman (presionar 2 segundos ENT).

2. Se localiza la entrada de la trampa de vapor.

3. Realizado el paso 2 se procede a realizar la limpieza de la entrada ya sea con una lija o lima.

4. El Pocket Trapman se debe colocar a la entrada de flujo de vapor en un ángulo recto procurando que la base de la probeta

haga un contacto directo, en la superficie ejerciendo presión sobre el mismo.

5. Mantener la sonda lo más perpendicular y estable como sea posible durante la medición.

6. Una vez encendido el Led esperar unos 15 segundos, a que este se apague para mirar los resultados.

7. Verificar si marco error (si fue el caso regresar al paso 4).

8. Terminada la lectura con los botones de selección ingresar el valor de la presión (kg/cm^2) o (Ib.) ajustar la presión a la que la trampa trabaja y dar Enter.

9. Seleccionar el tipo de trampa a inspeccionar (termodinámica, flotante, cubeta, termostática, temperatura adjunta o hidrodinámica/desconocida).

10. Dar Enter en la trampa correspondiente a la trampa que se inspecciono.

11. Anotar la temperatura obtenida y el estado de la trampa de vapor. (GOOD, CAUTION, LEAKING, LOW TEMP Y BLOCKED).

12. Realizar este proceso con el reto de las trampas.

13. Anotar siempre cualquier observación u anomalía encontrada en la ruta.

14. Generar O.T. cuando la lectura mostro: Low Temp, Leaking y Blocked.

15. Visualizar si existen dudas en el proceso.

Advertencia: El equipo tiene un led en la parte opuesta de la pantalla, una vez que la lectura ha sido tomada, el led se apaga indicando que debe pasar al siguiente paso también permite verificar si la temperatura superficial es superior a 350°C aparecerá en la pantalla la palabra "OVER" y parpadeara rápidamente si observa esta acción retirar rápidamente la punta del Pocket Trapman y cancelar inmediatamente la trampa Tabla 10.

Tabla 10. Diagnóstico de las trampas de vapor

Diagnóstico	Comentarios	Recomendaciones
Good	La temperatura superficial es como se espera y no se detecta sonido ultrasónico. La trampa de vapor está en buenas condiciones de operación.	Ninguna.
Caution	La temperatura superficial es como se espera, pero hay algo de sonido ultrasónico detectado. El nivel del sonido es muy bajo, entonces es difícil determinar si la trampa está operando correctamente o si hay una pequeña fuga.	Monitorear de cerca.
Leaking	Se detecta sonido ultrasónico en gran cantidad. Hay grandes posibilidades de que la trampa esté dejando fugar vapor.	Inmediata reparación o reemplazo.
Blocked	La temperatura superficial es menor a 40 °C (104 °F). La trampa puede estar bloqueada por contrapresión haciendo con esto imposible la descarga de condensados. También puede ser que el trazado se encuentre saturado o con la válvula de alimentación cerrada.	Revisión de trazado, verificar apertura válvulas, limpieza, reparación o reemplazo.
Low temp	La temperatura de la superficie es menor que la temperatura de saturación a la presión de entrada x 0,6. Existe una alta posibilidad que la temperatura haya caído debido a la acumulación de condensado, caída de presión a la entrada, válvula cerrada o que la línea de entrada esté bloqueada.	Revisión de condiciones de operación. A veces es recomendable purgar la línea.

Fuente: Elaboración propia, 2014.

6.4.9 Líneas de vapor

El proceso de Síntesis Orgánicas, consta de líneas/tuberías a lo largo del proceso, que trabajan a distintas presiones de vapor, el saber a qué presión de trabajo está la trampa de vapor que se está inspeccionando es de vital importancia para que nuestras inspecciones/lecturas sean más precisas y evitar errores, sus presiones están establecidas y por lo regular son constantes en cada inspección.

- 6 bares

- 11 bares

- 25 bares

- 50 bares

Las inspecciones a los equipos/rutas programadas constan de 10 equipos/rutas de inspección, según su función es su criticidad para el proceso, estas se dividen en tres grupos: críticos, media criticidad, no críticos, a continuación se mencionan los nombres de los equipos/rutas así como el tiempo de inspección de cada una, Tabla 11.

Tabla 11. Inspecciones de los equipos

EQUIPOS	DEPARTAMENTO	FRECUENCIA DE INSPECCION
MANR126	MTTO-SOSA	3 MESES
MANREACCION	MTTO-SOSA	3 MESES
MANENTGAS E112	MTTO-SOSA	2 MESES
MANBOMBASAF	MTTO-SOSA	2 MESES
MANALMBOMB AF	MTTO-SOSA	2 MESES
MANSALGAS E112 A PCU	MTTO-SOSA	1 MES
MANDESTILACION	MTTO-SOSA	1 MES
MANLIN E105 A K107	MTTO-SOSA	1 MES
MANINTCAL	MTTO-SOSA	1 MES
MANENVASADO	MTTO-SOSA	1 MES

Fuente: Elaboración propia, 2014.

6.4.10 Modos de fallos ocultos

Hasta ahora, es evidente que cada activo en la mayoría de los casos tiene más de una función. Cuando estos activos dejan de cumplir sus funciones (fallan), será casi inevitable que alguien se dé cuenta que la falla ha ocurrido.

La aparición de los fallos ocultos por si solos nos resultan evidentes, dentro del desarrollo normal del proceso operacional. Los modos de fallos ocultos no son evidentes bajo condiciones normales de operación, por lo cual este tipo de fallos no tienen consecuencias directas, pero las mismas propician la aparición de fallos múltiples en un determinado contexto operacional.

6.4.11 Uso del AMEF para encontrar fallas

El Análisis de los Modos y Efectos de Fallos (AMEF), constituye la herramienta principal del MCC, para la optimización de la gestión de mantenimiento en una organización determinada. El AMEF es un método sistemático que permite identificar los problemas antes que estos ocurran y puedan afectar o impactar a los procesos y productos en un área determinada, bajo un contexto operacional dado.

6.4.12 Objetivos

- Identificar los modos de falla potenciales, y calificar la severidad de su efecto.

- Evaluar objetivamente la ocurrencia de causas y la habilidad de los controles para detectar la causa cuando ocurre.

- Clasifica el orden potencial de deficiencias de producto y proceso.

- Se enfoca hacia la prevención y eliminación de problemas del producto y proceso

6.4.13 Índices de evaluación

- Índice de Gravedad (G): Evalúa la gravedad del efecto o consecuencia de que se produzca un determinado fallo.

- Índice de Ocurrencia (O): Evalúa la probabilidad de que se produzca el modo de fallo por cada una de las causas potenciales.

- Índice de Detección (D): Evalúa para cada causa la probabilidad de detectar dicha causa y el modo de fallo resultante.

Para cada Causa Potencial, de cada uno de los Modos de Fallo Potenciales, se calculará el Número de Prioridad de Riesgo multiplicando los Índices de Gravedad (G), de Ocurrencia (O) y de Detección (D) correspondientes.

- $NPR = G{\cdot}O{\cdot}D$

6.5 RESULTADOS

Es una metodología que permite jerarquizar sistemas instalaciones y equipos en función de su impacto global, con el fin de optimizar el proceso de asignación de recursos (económicos, humanos y técnicos). Desde esta óptica existe una gran diversidad de herramientas de criticidad según las oportunidades y las necesidades dela organización, la metodología propuesta, es una herramienta de priorización bastante sencilla que genera resultados semi-cuantitativos basados en la teoría del riesgo (Frecuencia de fallos x Consecuencia).

- Riesgo = Frecuencia x Consecuencia

- Frecuencia = N° de fallos en un tiempo determinado

- Consecuencia = ((Impacto Operacional x Flexibilidad) + Costes Mantenimiento + Impacto SAH).

Los factores ponderados de cada uno de los criterios a ser evaluados por la expresión del riesgo se presentan en la tabla 12.

Tabla 12. Factores ponderados

EQUIPOS	CRITICIDAD	FRECUENCIA DE INSPECCION
MANR126	NO CRÍTICO	3 MESES
MANREACCION	NO CRÍTICO	3 MESES
MANENTGAS E112	MEDIA CRITICIDAD	2 MESES
MANBOMBASAF	MEDIA CRITICIDAD	2 MESES
MANALMBOMB AF	MEDIA CRITICIDAD	2 MESES
MANSALGAS E112 A PCU	CRÍTICO	1 MES
MANDESTILACION	CRÍTICO	1 MES
MANLIN E105 A K107	CRÍTICO	1 MES
MANINTCAL	CRÍTICO	1 MES
MANENVASADO	CRÍTICO	1 MES

Fuente: Elaboración propia, 2014.

6.6 CONCLUSIONES

En la variedad de industrias se realizan muchas actividades que involucran vapor, por lo tanto, las personas que allí se desenvuelven deben manejar un vocabulario extenso respecto al tema. Hoy en día, se cuenta trampas que funcionan sin presentar pérdidas de vapor vivo, éstas se deben usar en la mayoría de proyectos para obtener un elevado ahorro de energía.

Los métodos de inspección son un soporte que debemos explotar para garantizar el mayor tiempo posible el buen funcionamiento de nuestro sistema de vapor. Se debe conocer, al seleccionar una trampa, las herramientas y la forma adecuada de instalación. Así se logran beneficios como: evitar un sobredimensionamiento y obtener una eficiencia mayor en los equipos. Los programas para computadora son una herramienta que se ha venido desarrollando con el transcurso de los años. Los ingenieros, como jefes de proyectos o departamentos dedicados al control y mantenimiento de los mismos deben ponerse al tanto con la tecnología y actualizarse constantemente para llevar a su empresa a niveles competitivos. Los análisis costo-beneficio ayudan a visualizar la importancia de poseer equipo eficiente en los sistemas de vapor.